陕西省"十四五"职业教育规划教材GZZK2023-1-168

高等职业教育装备制造类专业系列教材

高等职业教育新形态创新系列教材

PLC应用技术项目教程
（西门子S7-1200）

PLC YINGYONG JISHU XIANGMU JIAOCHENG （XIMENZI S7-1200）

主　编　黄俊梅　王　茜

副主编　徐永帅　罗　剑　党世红

　　　　朱　莹　任　健

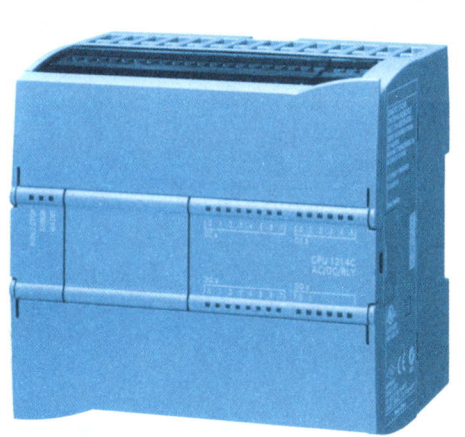

西安交通大学出版社
XI'AN JIAOTONG UNIVERSITY PRESS

图书在版编目（CIP）数据

PLC 应用技术项目教程：西门子 S7-1200 / 黄俊梅，王茜主编 . -- 西安：西安交通大学出版社，2024.9. --（高等职业教育装备制造类专业系列教材）. -- ISBN 978-7 -5693-2449-5

I. TM571.2；TM571.61

中国国家版本馆 CIP 数据核字第 2024YU8811 号

书　　名	PLC 应用技术项目教程（西门子 S7-1200）
主　　编	黄俊梅　王　茜
副 主 编	徐永帅　罗　剑　党世红　朱　莹　任　健
策划编辑	杨　璠
责任编辑	杨　璠
责任校对	刘艺飞

出版发行	西安交通大学出版社
	（西安市兴庆南路 1 号　邮政编码 710048）
网　　址	http：//www.xjtupress.com
电　　话	（029）82668357　82667874（市场营销中心）
	（029）82668315（总编办）
传　　真	（029）82668280
印　　刷	陕西印科印务有限公司

开　　本	787 mm×1092 mm　1/16　　印张 15.5　　字数 325 千字
版次印次	2024 年 9 月第 1 版　2024 年 9 月第 1 次印刷
书　　号	ISBN 978-7-5693-2449-5
定　　价	49.80 元

如发现印装质量问题，请与本社市场营销中心联系调换。

订购热线：（029）82665248　（029）82667874

投稿热线：（029）82668804

读者信箱：phoe@qq.com

前　言　PREFACE

可编程逻辑控制器（PLC, programmable logic controller）是一种专门应用于工业控制领域的计算机。由于具有通用性强、可靠性高、抗干扰能力强、编程简单等特点，PLC 已经成为工业自动化领域中应用最广泛的控制装置之一。本书以国内市场使用率较高、备受电气工程技术人员欢迎的西门子（SIEMENS）公司的 S7-1200 系列小型 PLC 为样机进行介绍。

本书以 5 个项目、13 个典型工作任务为载体，以任务描述、任务分析、知识链接、任务实施、思维拓展、任务评价反馈单为主线，深入浅出地介绍了 S7-1200 PLC 知识应用及案例详解。本书具有以下特点：

（1）以 13 个活页式典型工作任务为载体，并配套嵌入了课程相关的数字化资源，包括 33 个二维码视频资源和 10 套综合测试题。数字化教学资源的嵌入使活页式教材由传统的平面教材转变为立体化活页式教材。

（2）以"项目引领、任务驱动"为基本设计理念，力求用任务实例引领读者，着重培养学生自主分析和解决实际问题的能力，体现当前职业教育要求。

（3）秉承能力教育与思想教育同向同行的理念，在书中融入思政元素，将能够体现职业素养、创新意识和工匠精神的内容与知识和技能教育相结合，力求培养高素质、高技能的专业型人才。

（4）注重职业能力培养，书中所选任务案例经典实用、可操作性强、易于实现。通过典型工作任务引导学生在做中学、学中做，提升学习者的学习积极性和成效。

本书由陕西能源职业技术学院黄俊梅、王茜任主编；陕西能源职业技术学院徐永帅、罗剑、朱莹，咸阳职业技术学院党世红，商洛职业技术学院任健任副主编。黄俊梅编写了项目一、项目二；王茜编写了项目四；徐永帅编写了项目五；党世红编写了任务3-2；朱莹编写了任务3-1，并进行全书的统稿；罗剑负责教材数字资源的建设；任健参与了部分任务的编写及操作的验证。

本书适用于高职高专电气自动化、机电一体化及电类相关专业教学，也可作为企业电气工程技术的参考用书。

本书在编写过程中，得到了陕西能源职业技术学院、咸阳职业技术学院和西门子公司（西安分公司）技术人员大力支持，在此表示由衷感谢。对于本书中引用的参考文献作者，表示诚挚的谢意！

由于编者的水平有限，书中疏漏之处，恳切希望广大师生批评指正。

编 者

2024 年 8 月

CONTENTS

目 录

项目1 西门子 S7-1200 PLC 的认知与应用

项目导入

　　在现代工业自动化控制领域，可编程逻辑控制器（PLC）扮演着至关重要的角色。可编程逻辑控制器是一种专门应用于工业控制领域的计算机，是在继电器、接触器控制技术的基础上，综合自动控制技术、计算机技术和通信技术形成的一种新型自动控制设备。由于具有使用简单、灵活可靠等优点，PLC 已成为工业自动化领域中应用最广泛的控制装置之一，如图 1-1 所示，备受电气工程技术人员的欢迎。

　　本项目主要学习西门子 S7-1200 PLC 的基础知识、安装接线、编程语言及博途（TIA Portal）软件的操作与应用等。

图 1-1　PLC 的应用场景

学习目标

　　（1）了解 PLC 的产生及定义，知道 PLC 的主要应用领域；

　　（2）熟悉 S7-1200 系列 PLC 的基本单元，能正确进行输入 / 输出器件的接线；

　　（3）掌握博途软件的基本操作方法，能够使用编程软件输入程序，并进行程序上传和下载；

　　（4）掌握获取资料和帮助的方法。

任务 1-1 初步认知 PLC

任务描述

PLC 被公认为现代工业自动化的三大支柱（PLC、机器人、CAD/CAM）之一，已成为工业自动化领域被广泛应用的一种工业控制装置。本任务以西门子 S7-1200 PLC 为载体，完成对 PLC 发展、结构、功能、应用等的初步认知。

任务分析

本任务从 PLC 的概念、分类和结构入手，熟悉各种接口（电源接口、通信接口、输入/输出接口等）的位置和功能；熟悉 PLC 的模块类型，了解不同模块的特点和适用场景（比如，数字量输入模块用于接收开关量信号，而模拟量输入模块适用于接收连续变化的信号）；掌握 PLC 的硬件配置和扩展，学习如何根据实际需求选择合适的 CPU 型号和模块组合。

知识链接

1.1 PLC 概述

1.1.1 PLC 的定义

PLC 是一种专门为工业环境下应用而设计的控制器，集计算机技术、控制技术、通信技术于一体，具备逻辑控制、过程控制、运动控制、数据处理和联网通信等功能，具有可靠性高、抗干扰性强、性价比高等特点，已成为自动化工程的核心设备之一。

扫一扫

扫码查看 PLC 的定义、分类及应用

国际电工委员会（IEC, International Electrotechnical Commission）于 1987 年颁布了可编程控制器标准草案第三稿。在该草案中对 PLC 定义如下："可编程逻辑控制器是一种数字运算操作的电子系统，专为在工业环境

2

下应用而设计。它采用可编程序的存储器，用于其内部存储程序，执行逻辑运算、顺序控制、定时、计数和算术运算等面向用户的指令，并通过数字式和模拟式的输入和输出，控制各种类型的机械或生产过程。可编程逻辑控制器及其有关外围设备，都应按易于与工业系统联成一个整体，易于扩充其功能的原则设计。"

上述定义表明，PLC是一种能直接应用于工业环境的数字电子装置，是以微处理器为基础，结合计算机技术、自动控制技术和通信技术，用面向控制过程、面向用户的"自然语言"编程的一种简单易懂、操作方便、可靠性高的新一代通用工业控制装置。

1.1.2　PLC的发展历史

1836年继电器问世，人们用导线将继电器同开关器件巧妙连接，构成用途各异的逻辑控制或顺序控制。在PLC问世之前，继电器控制在工业控制领域中占主导地位。

扫码查看PLC的历史发展

1968年，美国通用汽车公司（GM）为了适应汽车型号的不断更新，提出了十项指标，如图1-2所示。GM希望能研发出一种新型工业控制器，以满足生产工艺不断变化的需要，实现小批量、多品种生产，做到尽可能减少重新设计和更换电器控制系统及接线的次数，以降低成本、缩短周期。

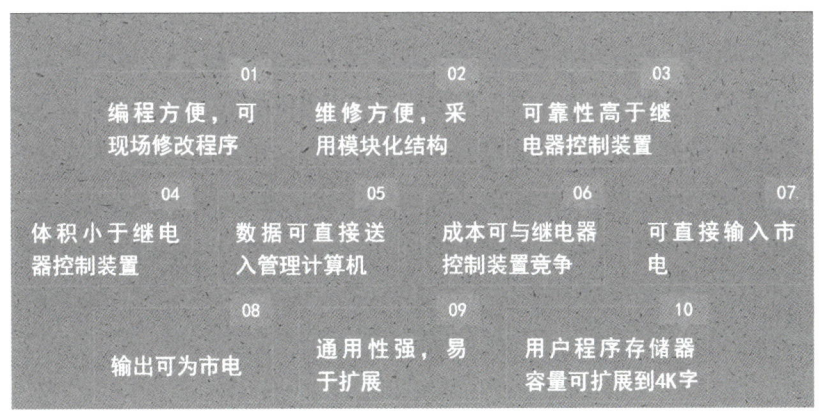

01 编程方便，可现场修改程序	02 维修方便，采用模块化结构	03 可靠性高于继电器控制装置	
04 体积小于继电器控制装置	05 数据可直接送入管理计算机	06 成本可与继电器控制装置竞争	07 可直接输入市电
08 输出可为市电	09 通用性强，易于扩展	10 用户程序存储器容量可扩展到4K字	

图1-2　通用汽车公司（GM）提出的十项指标

PLC的设计思想吸取了继电器和计算机两者的优点：继电器控制系统虽然体积大、可靠性低、接线复杂、查找和排除故障困难，对生产工艺变化的适应性差，但简单易懂、价格便宜；计算机编程虽然困难，但它的功能强大、灵活（可编程）、通用性好。PLC 采用面向控制过程、面向问题的"语言"进行编程，使不熟悉计算机的人也能很快掌握使用。

1969 年，美国数字设备公司（DEC）根据通用汽车公司的要求，成功研制出世界上第一台 PLC（PDP-14），并在通用汽车公司自动装配线上试用成功。

这种新型的 PLC 工控装置体积小、可变性好、可靠性高、使用寿命长、简单易懂、操作维护方便，很快就在美国的许多行业里得到推广应用，也受到了世界上许多国家的高度重视。1971 年，日本从美国引进了这项新技术，很快研制出了他们的第 1 台 PLC。1973 年，西欧国家也研制出他们的第 1 台 PLC。我国从 1974 年开始研制 PLC，到 1977 年开始应用于工控领域。在这一时期，PLC 虽然采用了计算机的设计思想，但实际上只能完成顺序控制，仅有逻辑运算等简单功能，所以人们将它称为可编程逻辑控制器（programmable logic controller）。

20 世纪 70 年代末至 80 年代初期，PLC 的处理速度大大提高，增加了许多功能。在软件方面，增加了算术运算、数据处理、网络通信、自诊断等功能；在硬件方面，除了保持原有的开关模块以外，还增加了模拟量、远程 I/O 及各种特殊功能模块，并扩大了存储器的容量，而且还提供一定数量的数据寄存器。为此，美国电气制造商协会（NEMA, National Electrical Manufacturers Association）将其命名为可编程控制器（programmable controller），简称 PC。但由于容易和个人计算机（PC, personal computer）混淆，故人们仍习惯用 PLC 作为可编程控制器的简称。

20 世纪 80 年代以后，随着大规模、超大规模集成电路等微电子技术的迅速发展，16 位和 32 位微处理器应用于 PLC 中，使得 PLC 迅速发展。此时的 PLC 不仅控制功能增强，同时可靠性提高，功耗、体积减小，成本降低，编程和故障检测更加灵活方便，而且具有通信和联网、数据处理等功能。这标志着可编程控制器已步入成熟阶段。

近年来，PLC 的发展十分迅速，集三电（电控、电仪、电传）为一体，具有性价比高、可靠性高的特点，在钢铁、冶金、机械、能源、化工、医药、汽车、电力等行业的自动化领域得到了广泛应用，如图 1-3 所示。

图 1-3   PLC 的应用

1.1.3   PLC 的功能

作为一种专为在工业环境下应用而设计的计算机，PLC 具有以下功能：

（1）开关逻辑和顺序控制。这是 PLC 应用最广泛、最基本的场合。它的主要功能是完成开关逻辑运算和进行顺序逻辑控制，从而实现各种控制要求。

（2）模拟控制（A/D 和 D/A 控制）。在工业生产过程中，许多连续变化的需要进行控制的物理量，如温度、压力、流量、液位等，都属于模拟量。过去，PLC 长于逻辑运算控制，对于模拟量的控制主要靠仪表或分布式控制系统。目前大部分 PLC 产品都具备处理模拟量的功能，而且编程和使用方便。

（3）定时/计数控制。PLC 具有很强的定时、计数功能，它可以为用户提供数十个甚至上百个定时器与计数器。对于定时器，定时间隔可以由用户加以设定；对于计数器，如果需要对频率较高的信号进行计数，则可以选择高速计数器。

（4）步进控制。PLC 为用户提供了一定数量的移位寄存器，用移位寄存器可方便地完成步进控制功能。

（5）运动控制。在机械加工行业，可编程序控制器与计算机数控（CNC, computer numerical control）集成在一起，用以完成机床的运动控制。

（6）数据处理。大部分 PLC 都具有不同程度的数据处理能力，不仅能进行算术运算、数据传送，而且还能进行数据比较、数据转换、数据显示打印等操作，有些 PLC 还可以进行浮点运算和函数运算。

（7）通信联网。PLC 具有通信联网的功能，它使 PLC 与 PLC 之间、PLC 与上位计算机及其他智能设备之间能够交换信息，形成一个统一的整体，实现分布式控制。

1.1.4　PLC 的特点

作为一种工业控制装置，PLC 在性能、功能、编程及使用等方面有独到的特点。

（1）性能特点——可靠性高，抗干扰能力强。PLC 是专为工业控制而设计的，在设计与制造过程中均采用了屏蔽、滤波、光电隔离等有效措施，并且采用模块式结构，出现故障后可以迅速更换。

（2）功能特点——功能完善，应用面广。PLC 具有逻辑运算、定时、计数等很多功能，还能进行 D/A、A/D 转换，数据处理，通信联网。并且其运行速度很快、精度高。PLC 品种多，档次也多，许多 PLC 制成模块式，可灵活组合。

（3）编程特点——系统设计安装调试工作量少。编程简单是 PLC 优于微机的一大特点。目前大多数 PLC 都采用与实际电路接线图非常相近的梯形图编程，这种编程语言形象直观，易于掌握。

（4）使用特点——使用方便，易于维护，适用性强。PLC 体积小、质量轻、便于安装；其输入端子可直接与各种开关量和传感器连接，输出端子通常也可直接与各种继电器连接；维护方便，有完善的自诊断功能和运行故障指示装置，可以迅速、方便地检查、判断出故障，缩短检修时间。

由上可知，PLC 控制系统与传统的继电器控制系统相比具有许多优点，在许多方面可以取代后者。

1.1.5　PLC 控制系统与继电器控制系统的区别

PLC 控制系统是由继电器控制系统和计算机控制系统发展而来的。在一个电气控制电路整体方案中，根据任务与功能的不同可明显划分出主电路和辅助电路。用 PLC 替代继电器控制系统一般是指替代辅助电路那部分，而主电路那部分基本保持不变。PLC 的出现不是要"消灭"继电器，而是用来替代辅助电路中起控制、保护、信号作用的那些继电器，达到节能降耗，提升工作效率的目的。

PLC 与传统的继电器控制系统相比，不同点表现在以下几个方面：

（1）继电器控制系统是采用硬件和接线实现的，如控制要求改变，硬件构成及接线都需进行相应的调整；PLC 控制系统采用程序存储器控制，当生产工艺、控制要求发生简单调整时，不需要重新连线，只需修改程序或对硬件接线做变动就可以。

（2）继电器控制系统采用许多硬器件、硬触点和"硬"接线连接组成逻辑电路，易磨损，寿命短，工作频率低，触点动作为毫秒级，机械触点有抖动现象；PLC控制系统内部大多采用"软"继电器、"软"触点和"软"接线连接，其控制逻辑由存储在内存中的程序实现，无磨损，寿命长，速度快，动作为微秒级。

（3）继电器控制体积大、连线多；PLC控制系统结构紧凑、体积小、连线少。

（4）继电器控制系统中的触点数量有限，一般只有4～8对；PLC每个"软"继电器供编程用的触点数有无限对，使得PLC控制系统有很好的灵活性和扩展性。

（5）PLC控制系统具有自检功能，能查出自身的故障，将其随时显示给操作人员，并能动态地监视控制程序的执行情况，为现场调试和维护提供方便。

（6）继电器控制系统靠时间继电器实现延时功能，精度不高，受环境影响大，调整定时困难。PLC控制系统用半导体集成电路作定时器，精度高，调整定时方便，不受环境影响。

图1-4和图1-5所示为继电器控制电路图与相应的PLC控制电路的比较示例。Y-△降压启动继电控制方式的控制逻辑包含在控制电路中，通过连线体现。

Y-△降压启动PLC控制方式的主电路不变，控制电路由PLC接线图和用户程序两部分实现；控制逻辑通过软件（即编写相应程序）实现。

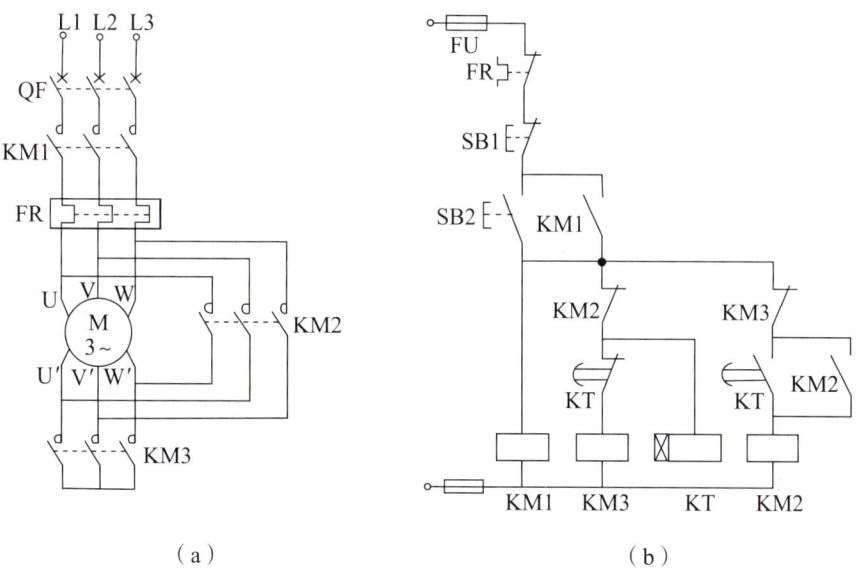

（a）　　　　　　　　　　　　（b）

图1-4　Y-△降压启动继电接触器控制方式

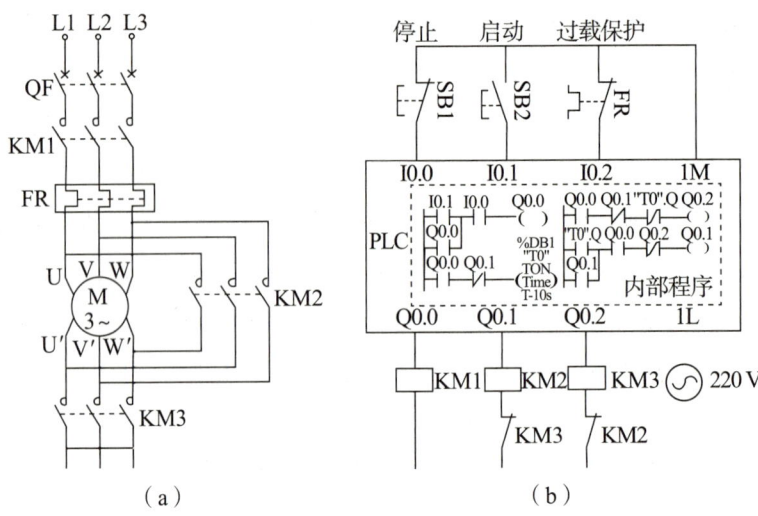

图 1-5 Y- △降压启动 PLC 控制方式

图 1-4（b）为继电器控制逻辑电路图，图 1-5（b）PLC 内部梯形图为相应的 PLC 控制逻辑程序。梯形图中的图形符号与继电器电路图中的常闭触点、并联连接、串联连接、继电器线圈等是对应的，每一个触点和线圈都对应一个软元件（见表1-1）。梯形图具有形象、直观、易懂的特点，很容易被熟悉继电器控制的电气人员掌握。

表 1-1　继电器电路符号与梯形图符号对照

符号名称	继电器电路符号		梯形图符号
常开触点			
常闭触点			
线圈部分			

华为携手多方发布全球首个广域云化 PLC 技术试验成果

2021 年 6 月 17 日，在第五届未来网络发展大会期间，华为携手紫金山实验室、上海交通大学、宝信软件正式发布了全球首个广域云化 PLC 技术试验成果。本次试验基于确定性广域网技术和下一代工业控制边缘计算架构，在未来网络试验设施（CENI, China Environment for Network Innovation）上实现了沪宁两地间传输距离近 600 km 的广域云化 PLC 工业控制系统的部署和稳定运行，为广域远程工业控制系统的应用铺平了道路。

（资料来源：光电通信网，有改动）

1.2　PLC 的分类

PLC 产品种类繁多，其规格和性能也各不相同。对 PLC，通常根据其结构形式的不同、功能的差异和 I/O 点数的多少等进行大致分类。

1.2.1　按结构形式分类

1. 整体式 PLC

整体式 PLC 将电源、CPU、I/O 接口等部件都集中装在一个机箱内，具有结构紧凑、体积小、价格低的特点。整体式 PLC 由不同 I/O 点数的基本单元（又称主机）和扩展单元组成。小型 PLC 一般采用整体式结构，如图 1-6 所示。

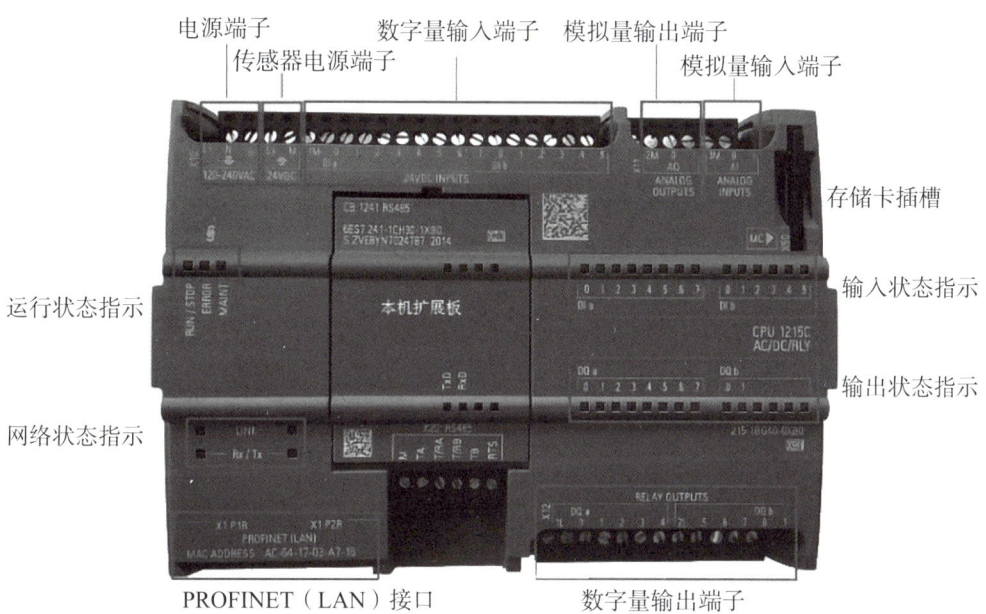

图 1-6　整体式 PLC 结构

基本单元内有 CPU、I/O 接口、与 I/O 扩展单元相连的扩展口，以及与编程器或 EPROM 写入器相连的接口等。扩展单元内只有 I/O 接口和电源等，没有 CPU。基本单元和扩展单元之间一般用扁平电缆连接。整体式 PLC 一般还可配备特殊功能单元，如模拟量单元、位置控制单元等，使其功能得以扩展。三个指示 CPU 运行状态的 LED 灯，分别为 RUN/STOP（运行 / 停止，绿灯 / 黄灯）、ERROR（错误，红灯）和 MAINT（维护，黄灯）。

2. 模块式 PLC

模块式 PLC 将 PLC 各组成部分分别制成若干个单独的模块，如 CPU 模块、I/O 模块、电源模块（有的含在 CPU 模块中），以及各种功能模块。模块式 PLC 由框架或基板和各种模块组成，模块装在框架或基板的插座上。模块式 PLC 的特点是配置灵活，可根据需要选配不同模块组成一个系统，而且装配方便，便于扩展和维修。大、中型 PLC 一般采用模块式结构，如图 1-7 所示。

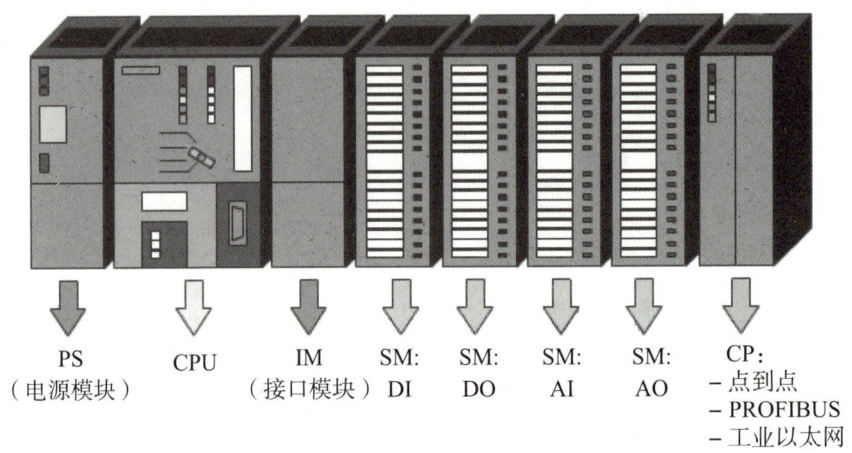

图 1-7　模块式 PLC 结构

1.2.2　按功能分类

根据 PLC 所具有的功能不同，可将 PLC 分为低档、中档、高档三类。

（1）低档 PLC：具有逻辑运算、定时、计数、移位及自诊断、监控等基本功能，还可有少量模拟量输入 / 输出、算术运算、数据传送和比较、通信等功能。主要用于逻辑控制、顺序控制或少量模拟量控制的单机控制系统。

（2）中档 PLC：除具有低档 PLC 的功能外，还具有较强的模拟量输入 / 输出、算术运算、数据传送和比较、数制转换、远程 I/O、子程序、通信联网等功能。有些还可增设中断控制、PID（proportion integration differentiation，比例、积分、微分）控制等功能，适用于复杂控制系统。

（3）高档 PLC：除具有中档 PLC 的功能外，还增加了带符号算术运算、矩阵运算、位逻辑运算、平方根运算及其他特殊功能函数的运算、制表及表格传送功能等。高档 PLC 具有更强的通信联网功能，可用于大规模过程控制或构成分布式网络控制系统，实现工厂自动化。

1.2.3　按 I/O 点数分类

根据 PLC 的 I/O 点数的多少，可将 PLC 分为小型、中型和大型三类，见表 1-2。

（1）小型 PLC：I/O 点数小于 256 点，单 CPU，8 位或 16 位处理器，用户存储器容量 4 K 字以下。

表 1-2　常见 PLC 型号

分类	型号	生产企业
小型 PLC	GE-I	通用电气（GE）
	TI100	德州仪器（TI）
	F、F1、F2	三菱电动机（MITSUBISHI）
	C20、C40	欧姆龙（OMRON）
	S7-200	西门子（SIEMENS）
	EX20、EX40	东芝（TOSHIBA）
	SR-20/21	无锡华光电子
中型 PLC	S7-300	西门子（SIEMENS）
	SR-400	无锡华光电子
	SU-5、SU-6	西门子（SIEMENS）
	C-500	欧姆龙（OMRON）
	GE-Ⅲ	通用电气（GE）
大型 PLC	S7-400	西门子（SIEMENS）
	GE-Ⅳ	通用电气（GE）
	C-2000	欧姆龙（OMRON）
	K3	三菱电动机（MITSUBISHI）

（2）中型 PLC：I/O 点数 256～2048 点，双 CPU，用户存储器容量 2 K～8 K 字。

（3）大型 PLC：I/O 点数大于 2048 点，多 CPU，16 位或 32 位处理器，用户存储器容量 8 K～16 K 字。

国产 PLC：挑战中崛起，责任中前行

国产 PLC 的发展之路，是一部充满挑战与奋斗的历史。

在艰难的起步阶段，20 世纪 70 年代中期，尽管技术基础薄弱、资金不足，科研人员却凭借着勇于探索、不畏艰难的精神，开启了我国工业自动化控制领域的重要尝试。

进入 21 世纪后，随着国内制造业崛起，PLC 需求猛增。部分企业积极学习国外先进技术，培养专业人才，展现出坚韧不拔的毅力。

受国际局势变化、"震网病毒"、"棱镜门事件" 等影响，国家将关键信息基础设施的控制系统 PLC 纳入网络关键设备进行管理，开启了关键基础设施控制系统深度国产化的征程。国内企业加大研发投入，攻克 PLC 关键核心技术，基于国产软硬件平台研制出了自主安全 PLC 产品，并在电力发电、轨道交通、石油石化等能源领域开展推广应用。

以和利时、傲拓科技、中控技术等为代表的国产 PLC 企业，不断推出具有自主知识产权的中大型 PLC 产品，逐步打破了国外品牌的垄断地位，在多个行业成功实现了国产化替代。例如，傲拓科技的 NA 系列可编程控制器覆盖了 PLC 大中小型全系列产品，尤其是大中型系列产品打破了国际巨头的技术垄断。这些企业的努力不仅提升了国产 PLC 的技术水平和市场竞争力，也为保障国家工业体系、国防装备体系的安全健康运行做出了重要贡献。

国产 PLC 的发展历程充满了艰辛与挑战，但我国的企业和科研人员始终怀着对国家和民族的责任感，不断努力奋斗、创新进取，推动着国产 PLC 产业的快速发展。这种爱国精神不仅体现在对技术的追求和突破上，更体现在为保障国家工业安全、推动国家经济发展所做出的贡献上。

在"中国制造 2025" 等战略规划的推动下，国产 PLC 产业将迎来更广阔的发展空间。

任务实施　PLC 的基本结构与工作原理

一、PLC 的组成结构

可编程控制器的种类繁多，但其组成结构基本相同。PLC 的基本结构主要由中央处理器（CPU）模块、存储器模块、输入 / 输出（I/O）模块和电源等几部分构成，如图 1-8 所示。

扫一扫

扫码查看 PLC
内部结构

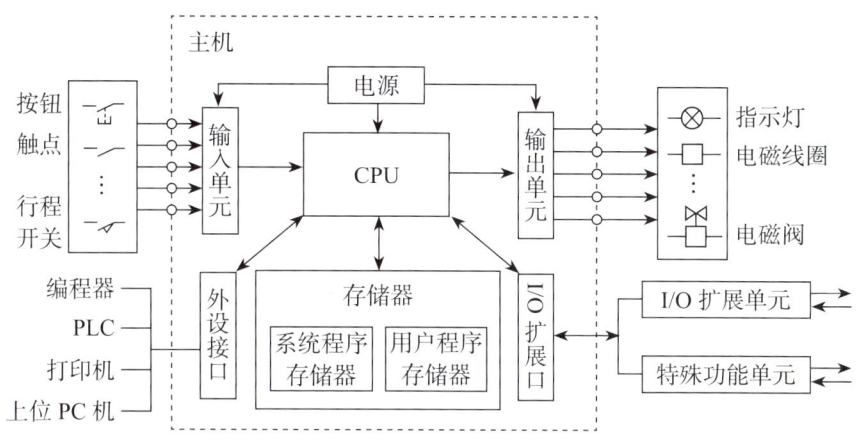

图 1-8 可编程控制器的组成

1. 中央处理器（CPU）

CPU 是 PLC 的核心部件，主要用来运行用户程序、监控输入 / 输出接口状态及进行逻辑判断和数据处理。CPU 用扫描的方式读取输入装置的状态或数据，从内存逐条读取用户程序，通过解释后按指令的规定产生控制信号，然后分时、分渠道地执行数据的存取、传送、比较和变换等处理过程，完成用户程序所设计的逻辑或算术运算任务，并根据运算结果控制输出设备响应外部设备的请求以及进行各种内部诊断。

2. 存储器

可编程控制器的存储器主要包括系统程序存储器和用户程序存储器两部分。

系统程序存储器用以存放系统工作程序（监控程序）、模块化应用功能子程序，以及对应定义（I/O、内部继电器、计时器、计数器、移位寄存器等存储系统）参数等功能。系统程序直接关系到 PLC 的性能，不能由用户直接存取。

用户程序存储器用以存放用户程序，即存放通过编程器输入的用户程序。PLC 的用户程序存储器通常以字（16 位 / 字）为单位来表示存储容量。通常 PLC 产品资料中所指的存储器形式或存储方式及容量，均是对用户程序存储器而言的。

3. 电源

PLC 的电源是指为 CPU、存储器和 I/O 接口等内部电子电路工作所配备的直流开关电源。PLC 通常有 220 V AC（交流）电源型和 24 V DC（直流）电源型两种。电源的交流输入端一般都有脉冲吸收电路，交流输入电压范围一般都比较宽，抗干扰能力比较强。电源的直流输入电压多为直流 5 V 和直流 24 V。直流 5 V 电源供 PLC 内部使用；直流 24 V 电源除供内部使用外，还可以供输入 / 输出单元和各种传感器使用。

4. 输入接口单元

输入（Input）和输出（Output）接口电路，是 PLC 与现场 I/O 设备或其他外部设备之间的连接部件。PLC 通过输入接口把外部设备（如开关、按钮、传感器）的状态或信息读入 CPU，通过用户程序的运算与操作，把结果通过输出接口传递给执行机构（如电磁阀、继电器、接触器等）。

PLC 的输入接口分为开关量输入接口和模拟量输入接口。开关量输入用来接收从按钮、选择开关、数字拨码开关、限位开关、接近开关、光电开关、压力继电器等提供的开关量输入信号；模拟量输入用来接收电位器、测速发电机和各种变送器提供的连续变化的模拟量电流、电压信号。

西门子 S7-1200 开关量输入接口根据使用电源不同可分为直流输入和交流输入。这两种输入方式的选择取决于现场信号的类型和需求。直流输入通常用于连接直流信号源，如某些传感器和开关设备，而交流输入则用于连接交流信号源。选择正确的输入方式对于确保 PLC 能够正确读取信号至关重要。开关量输入接口原理图如图 1-9 所示。

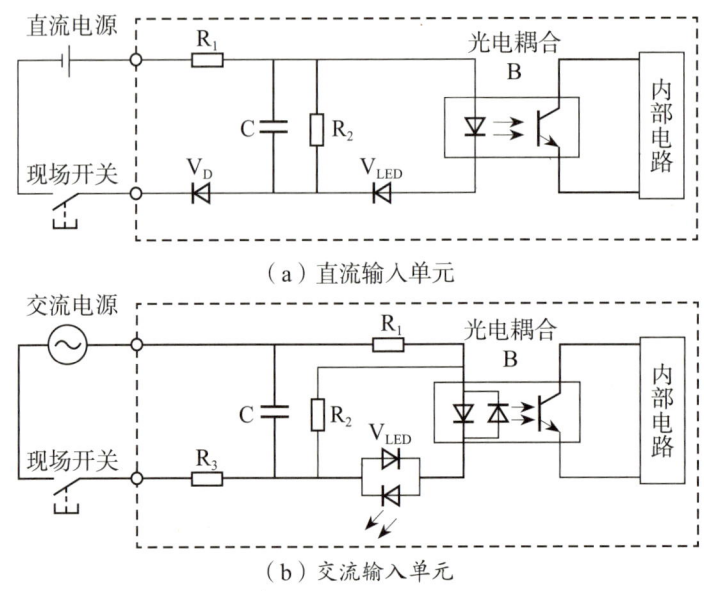

（a）直流输入单元

（b）交流输入单元

图 1-9　PLC 的输入接口电路

图 1-9（a）所示为直流输入接口原理图。输入接口的电源由 PLC 外部直流电源提供，当闭合输入开关后，有电流流过光电耦合器和指示灯，光电耦合器导通，将输入开关状态送给内部电路。由于光电耦合器内部通过光电传递，故可以将外部

电路与内部电路有效隔离开。输入指示灯点亮用于指示输入端子有输入。R_2、C 为滤波电路，用于滤除输入端子窜入的干扰信号；R_1 为限流电阻。

图 1-9（b）所示为交流输入接口原理图。输入接口的电源由外部交流电源提供。为了适应交流电源的正负变化，接口电路采用了发光管正负极并联的光电耦合器和指示灯组成。

由于生产过程中使用的各种开关、按钮、传感器等输入器件直接接到 PLC 输入接口电路上，为防止由于触点抖动或干扰脉冲引起错误的输入信号，输入接口电路必须有很强的抗干扰能力。输入接口电路提高抗干扰能力的方法主要有以下两种。

（1）利用光电耦合器提高抗干扰能力。光电耦合器的工作原理：发光二极管有驱动电流流过时，导通发光，光敏三极管接收到光线，由截止变为导通，将输入信号送入 PLC 内部。光电耦合器中发光二极管是电流驱动器件，要有足够的能量才能被驱动。而干扰信号虽然有些电压值很高，但能量较小，不能使发光二极管导通，所以不能进入 PLC 内部，从而实现了电隔离。

（2）利用滤波电路提高抗干扰能力。最常用的滤波电路是电阻电容滤波，如图 1-9（a）中的 R_1 和 C。

5. 输出接口电路

输出接口电路的作用是把 PLC 内部的信号转换成现场执行机构所需的开关量信号，驱动负载。开关量输出用来控制接触器、电磁阀、电磁铁、指示灯、数字显示装置和报警装置等输出设备；模拟量输出用来控制调节阀、变频器等执行装置。为适应不同负载需要，各类 PLC 的输出都有三种类型的接口电路，即继电器输出（M）、晶体管输出（T）、晶闸管输出（S）。

（1）继电器输出既可驱动交流负载，又可驱动直流负载，但其响应时间长、动作频率低。继电器输出电路如图 1-10 所示。

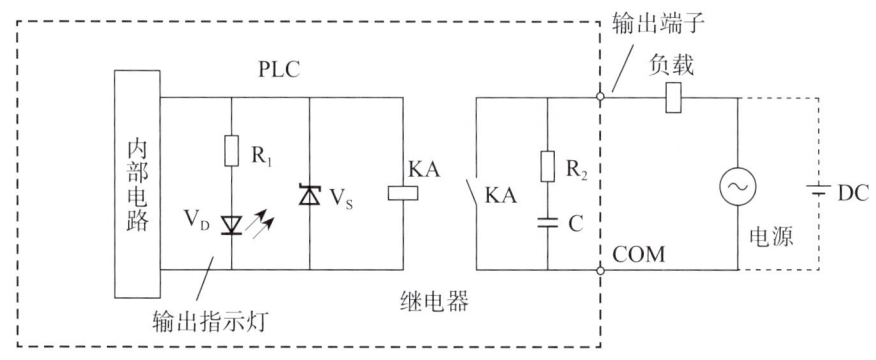

图 1-10　继电器输出电路

当内部电路的状态为 1 时，继电器的线圈通电，产生电磁吸力，触点闭合，则负载得电，同时点亮 LED，表示该路输出点有输出；当内部电路的状态为 0 时，继电器的线圈无电流，触点断开，则负载断电，同时 LED 熄灭，表示该路输出点无输出。

继电器输出电路的优点是不同公共点之间可带不同的交、直流负载，且电压也可不同，带负载能力可达 2 A；但其不适用于高频动作的负载，这是由继电器的寿命决定的。继电器的寿命随带负载电流的增加而减少，一般在几十万次至几百万次之间，有的产品可达 1000 万次以上，响应时间为 10 ms。因其电路设计简单，抗干扰和带负载能力强，当系统输出频率为 6 次 /min 以下时，应首选继电器输出。

（2）晶体管输出的优点是可靠性强、反应速度快、动作频率高、寿命长，缺点是过载能力差。晶体管输出适合在直流供电、输出量变化快的场合选用。晶体管输出电路如图 1-11 所示。

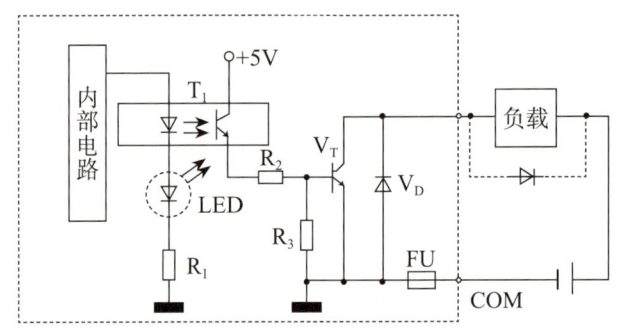

图 1-11　大功率晶体管输出形式

当内部电路的状态为 1 时，光电耦合器 T_1 导通，使大功率晶体管 V_T 饱和导通，则负载得电，同时点亮 LED，表示该路输出点有输出；当内部电路的状态为 0 时，光电耦合器 T_1 断开，大功率晶体管 V_T 截止，则负载失电，LED 熄灭，表示该路输出点无输出。若负载为电感性负载，VT 关断时会产生较高的反电势，V_D 的作用是为其提供放电回路，避免 V_T 承受过电压。

（3）双向可控硅输出适合驱动交流负载。由于双向可控硅和大功率晶体管同属于半导体材料元件，所以响应速度快、动作频率高、寿命长，适合在交流供电、输出量变化快的场合选用。图 1-12 所示为双向可控硅输出电路。当内部电路的状态为 1 时，发光二极管导通发光，相当于对双向晶闸管施加了触发信号。

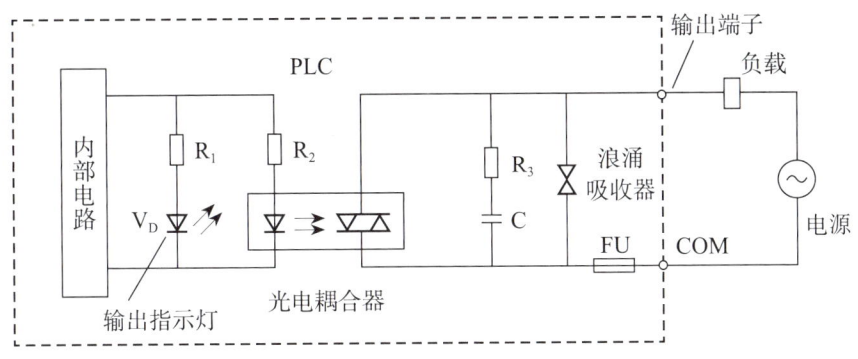

图 1-12　双向可控硅输出形式

6. 输入/输出扩展接口

输入/输出扩展接口是 PLC 主机用于扩展输入/输出点数和类型的部件。这种扩展接口实际上为总线形式，可以配置开关量的 I/O 单元，也可配置模拟量和高速计数等特殊 I/O 单元及通信适配器等。

7. 外设 I/O 接口

外设 I/O 接口也叫通信接口，用于连接其他 PLC、编程器、文本显示器、触摸屏、变频器或打印机等外部设备（见图 1-13）。PLC 通过 PC/PPI 电缆（PPI：ponit to point interface，点对点接口）或使用 MPI 卡（MPI：multi point interface，多点接口）通过 RS-485 接口与计算机连接，可以实现编程、监控、联网等功能。

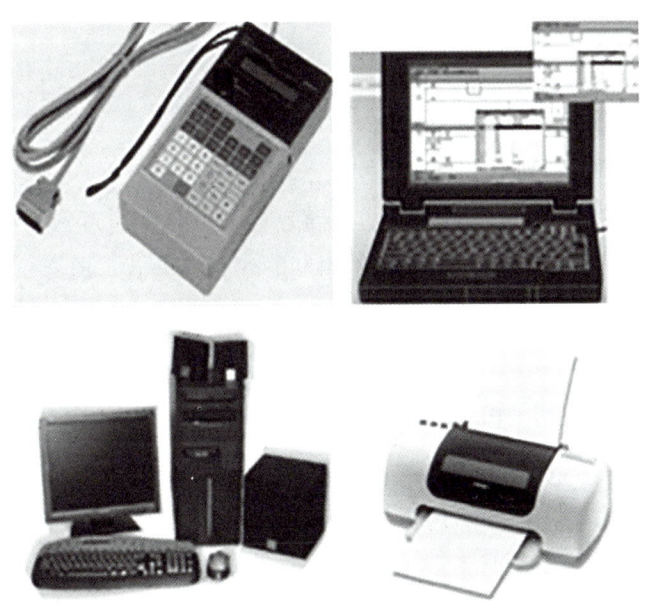

图 1-13　PLC 的外部设备

二、PLC 的工作原理

1. CPU 的操作模式

CPU 有 3 种操作模式：RUN（运行）、STOP（停机）与 STARTUP（启动）。CPU 面板上的状态 LED（发光二极管）用来指示当前的操作模式，可以用编程软件改变 CPU 的操作模式。

扫一扫

扫码查看 PLC 的工作原理

在 STOP 模式，CPU 仅处理通信请求和进行自诊断，不执行用户程序，不会自动更新过程映像。

上电后，CPU 进入 STARTUP 模式，进行上电诊断和系统初始化，检查到某些错误时，将禁止 CPU 进入 RUN 模式，并保持在 STOP 模式。

在 CPU 内部的存储器中，设置了一片区域来存放输入信号和输出信号的状态，它们被称为过程映像输入区（I 存储区）和过程映像输出区（Q 区）。从 STOP 模式切换到 RUN 模式时，CPU 进入启动模式，执行下列操作：

阶段 A：复位过程映像输入区。

阶段 B：用上一次 RUN 模式最后的值或替代值来初始化输出。

阶段 C：执行程序，将非保持性 M 存储器和数据块初始化为其初始值，并启用组态的循环中断事件和时钟事件。

阶段 D：将外设输入状态复制到过程映像输入区。

阶段 E：（整个启动阶段）将中断事件保存到队列，以便在 RUN 模式进行处理。

阶段 F：将过程映像输出区的值写到外设输出。

2. PLC 周期顺序扫描工作方式

PLC 循环扫描的工作方式有周期扫描方式、定时中断方式、输入中断方式、通信中断方式等，最主要的工作方式是周期顺序扫描方式。PLC 采用"顺序扫描，不断循环"的方式进行工作，在每次扫描过程中，对输入信号采样及对输出状态刷新。

PLC 的工作过程与 CPU 的操作模式（STOP/RUN）有关。当 PLC 运行时，通过执行反映控制要求的用户程序来完成控制任务。对每个程序，如果无跳转指令，则从第一条指令开始逐条执行用户程序，直至遇到结束符后又返回第一条指令，如此周而复始不断循环。这种串行工作方式称为 PLC 的周期顺序扫描工作方式。整个过程扫描执行一遍所需的时间称为扫描周期。扫描周期与 CPU 的运行速度、PLC硬件配置及用户程序长短有关，典型值为1 ～ 100 ms。由于CPU的运算处理速度很快，因而从宏观上来看，PLC外部出现的结果似乎是同时（并行）完成的。

PLC与继电器的扫描工作方式比较：

（1）继电器-接触器控制装置采用硬逻辑的并行工作方式，如果某个继电器的线圈通电或断电，那么该继电器的所有常开和常闭触点不论处在控制电路的哪个位置上，都会立即同时动作。

（2）PLC采用周期顺序扫描工作方式（串行工作方式），如果某个软继电器的线圈被接通或断开，其所有的触点不会立即动作，必须等扫描到该触点时才会动作。这种"串行"工作方式可以避免继电器控制系统中触点竞争和时序失配的问题，从根本上提高了系统的抗干扰能力，增强了系统的可靠性。

3. PLC程序执行的过程

PLC对用户程序进行循环扫描可划分为三个阶段，即输入采样阶段、程序执行阶段和输出执行阶段，如图1-14所示。

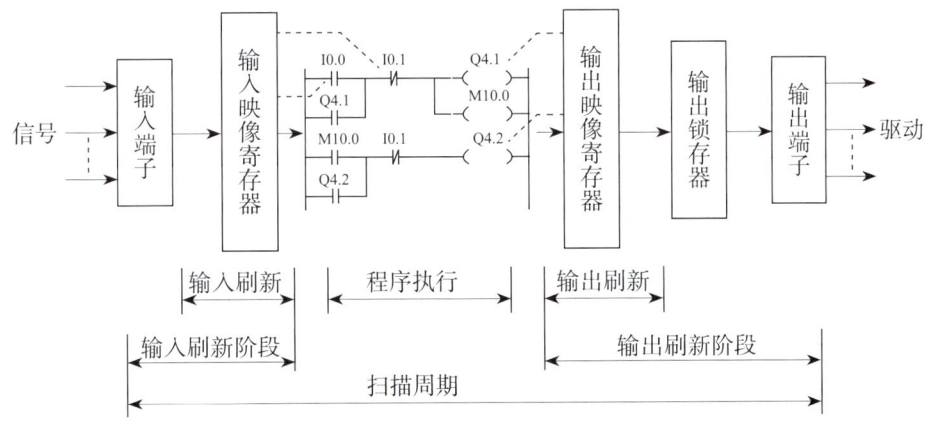

图1-14　PLC用户程序的工作过程

（1）输入采样阶段。这是第一个集中批处理过程，CPU按顺序逐个采集全部输入端子上的信号（不论是否接线），然后全部写到输入映像寄存器中。随即关闭输入端口，进入程序执行阶段，用到的输入信号状态（ON或OFF）均从刚保存的输入映像寄存器中读取，不管此时外部输入信号的状态是否变化（如果发生了变化，也要等到下一个扫描周期的输入采样阶段才去扫描读取）。由于PLC的扫描速度很快，因此可以认为这些采集到的输入信息是连续的。

（2）程序执行阶段。在用户程序执行阶段，CPU对用户程序按顺序进行扫描。

如果程序用梯形图表示，则总是按先上后下、从左至右的顺序扫描。当遇到程序跳转指令时，则根据跳转条件是否满足来决定程序是否跳转。每扫描到一条指令，涉及输入信息的状态均从输入映像寄存器中读取，而不是直接使用现场的立即输入信号（立即指令除外）；对其他信息，则从元件映像寄存器中读取。用户程序每一步运算的中间结果都立即写入元件映像寄存器中；对输出继电器的扫描结果，也不是立即去驱动外部负载，而是将其结果写入输出映像寄存器中（立即指令除外）。在此阶段，允许对数字量 I/O 不设置数字滤波的模拟量 I/O 进行处理。在扫描周期的各个部分，均可对中断事件进行响应。

在程序执行阶段，除了输入映像寄存器外，各个元件映像寄存器的内容是随着程序的执行而不断变化的。由于元件映像寄存器中的内容会随程序执行的进程而变化，因此在程序执行过程中，所扫描到的功能经解算后，其结果立即就可被后面将要扫描到的逻辑的解算所利用，因而简化了程序设计。

（3）输出执行阶段。这是第二个集中批处理过程，CPU 对全部用户程序扫描结束后，将元件映像寄存器中各输出继电器的状态同时送到输出锁存器中，再由输出锁存器通过一定的方式（继电器或晶体管）经输出端子去驱动外部负载。在一个扫描周期内，只在输出执行阶段才将输出状态从输出映像寄存器中集中输出，对输出接口进行刷新。用户程序执行过程中，如果对输出结果多次赋值，则只有最后一次有效。在输出执行阶段结束后，CPU 进入下一个扫描周期，重新执行输入集中采样，周而复始。

集中采样与集中输出的工作方式是 PLC 又一特点。在采样期间，将所有输入信号（不论该信号当时是否要用）一起读入，此后在整个程序处理过程中 PLC 系统与外界隔离，直至输出控制信号。其间外界输入信号状态的变化要到下一个工作周期的采样阶段才能被读入，这从根本上提高了系统的抗干扰能力，提高了系统的可靠性。

4. PLC 的等效工作电路

为了进一步理解 PLC 控制系统和继电器控制系统的关系，必须了解 PLC 的等效工作电路，如图 1-15 所示。PLC 的等效电路可分为三个部分：收集被控设备（开关、按钮、传感器等）的信息或操作命令的输入部分，运算、处理来自输入部分信息的内部控制电路，以及驱动外部负载的输出部分。

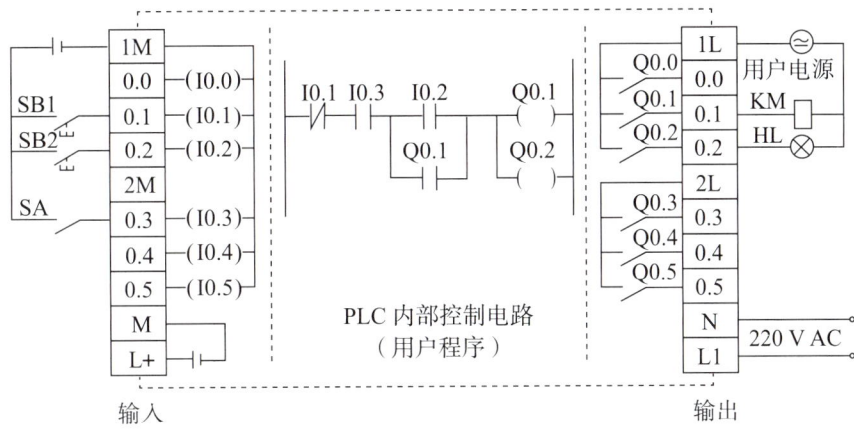

图 1-15　PLC 控制系统等效电路

　　输入电路由外部输入电路、PLC 输入接线端子和输入继电器组成。每个输入端子和与其相同编号的输入继电器有着唯一确定的对应关系。内部控制电路是由用户程序形成的用软继电器来代替硬继电器的控制逻辑。输出部分由 PLC 内部的输出继电器的常开接点、输出接线端子和外部驱动电路组成，用来驱动外部负载。

 **思维拓展**

PLC：科技赋能工业，匠心铸就未来

　　可编程逻辑控制器（PLC）作为集成了计算机技术、自动控制技术和通信技术的通用自动控制装置，以微处理器为核心，采用面向用户的"自然语言"编程进行控制，适应工业环境，简单易懂、操作简便且可靠性高，是基于继电器顺序控制发展而成的科技成果。

　　在不同主体的视角之下，可编程逻辑控制器被赋予了多元的意义。对于技术人员而言，它不仅是先进控制技术的卓越代表、科技创新的璀璨结晶，更是践行工匠精神的重要载体。技术人员以严谨认真、精益求精的匠心态度，潜心钻研 PLC 技术，不放过任何一个细节，反复调试优化，为推动工业自动化的发展贡献着智慧和力量。对于销售人员来说，即便对其技术原理一知半解，也能将其作为叩开工业市场大门的热门产品进行销售推广，成为拓展业务版图、助力经济发展的有力武器。而在自控公司老板的眼中，它是一种能够带来丰厚利润的工控产品，更是企业承担社会责任、为国家工业发展贡献力量的重要支撑。

　　PLC 的出现使得汽车生产线及钢铁、石化等行业的生产周期从原本的 6～9 个月缩减至 6～9 周，极大地提高了时间效率。对于企业而言，这些节省出来的时间意味着丰厚的利润，同时也体现了科技创新对于提高生产效率、推动经济发展的重要作用。

　　PLC 产品本身虽不直接创造价值，但在工程师的精心研究下应用于生产，便展现出强大的价值能力。工程师们秉持着为工业发展而奋斗的信念，以高度的责任感和使命感，将匠心融入每一个环节，不断探索创新，将 PLC 应用于各个行业领域，为工业经济建设添砖加瓦。PLC 以其高效、稳定、廉价和愈发宽泛的功能延展性，成熟广泛地应用于各个行业领域。

任务评价反馈单

学生任务分配实施单

任务名称			初步认知PLC		
班级		组号		指导教师	
组长		学号			
组员	姓名		学号		
	姓名		学号		
	姓名		学号		
	姓名		学号		

分工（就组织讨论、工具准备、数据采集记录、安全监督、成果展示等工作内容进行任务分工）

实施步骤

步骤一：简述PLC的定义与工作原理。

步骤二：西门子S7-1200 PLC结构认知。

经验记录单

任务名称				初步认知 PLC		
班级		姓名			指导教师	
组长		组号				

总结与经验

PLC 具有什么特点，可以应用在哪些场合？试举例介绍 PLC 的实际应用。

结合所学所知，借助网页检索，列举市面上还存在哪些控制装置。它们与 PLC 控制器相比具有哪些异同？

实验过程中，出现了哪些问题？你是如何解决的？

问题 1：

解决方法：

问题 2：

解决方法：

各小组互评打分表

姓名		学号			班级			组别		
实训任务		初步认知 PLC								

评价项目	分值	等级				评价对象（组别）							
		A	B	C	D	1	2	3	4	5	6	7	8
方案合理	20	20	15	10	5								
团队合作	20	20	15	10	5								
工作质量	20	20	15	10	5								
工作规范	20	20	15	10	5								
PPT/演示展示	20	20	15	10	5								
合计	100	各组得分											

总结与反思
（如：任务实施过程中遇到了什么问题→如何解决／解决不了的原因→本次任务心得体会）

教师评价打分表

姓名			学号		班级		组别	
实训任务			初步认知 PLC					
评价项目			评价标准				分值	得分
考勤（10%）			无迟到、早退和旷课的现象				10	
工作过程（60%）	知识目标	获取信息	掌握工作相关知识				10	
		进行表决	制订工作方案，方案合理可行				10	
	技能目标	任务实施	能够正确介绍 PLC 相关结构与功能				5	
			能够正确介绍 PLC 的发展与工作原理				5	
			能够正确完成上电前的检测				5	
			电路上电后运行正确				5	
	素养目标	工作态度	认真严谨、积极主动、安全生产、文明施工				5	
		团队合作	与小组成员、同学之间合作交流、协作工作				5	
		工作质量	按照工作方案操作，按计划完成工作任务				10	
项目成果（30%）		工作完整	能按时完成工作任务的所有环节				10	
		工作规范	实训过程中规范操作，避免意外事故的发生				10	
		汇报展示	能准确表达、汇报工作成果				10	
合计							100	
综合评价		学生评价（50%）		教师评价（50%）			综合得分	
综合评语		（作业过程中存在的问题及改进建议）						

任务 1-2　西门子 S7-1200 PLC 的硬件安装与接线

任务描述

本任务将完成 S7-1200 PLC 硬件的安装、接线与扩展。由于西门子 S7-1200 PLC 具有安装方便、结构紧凑、简单灵活等特点，使得用户在集成过程中提高了工作效率，因此成为众多应用场合的理想选择，如图 1-16 所录。

PLC 控制系统的设计包括硬件与软件两方面的内容。在控制系统的总体规划（方案设计）完成，并且选定了对应的 PLC 型号与规格后，从工程设计的角度，接下来就将进入控制系统的技术设计阶段，进行系统的硬件与软件设计。

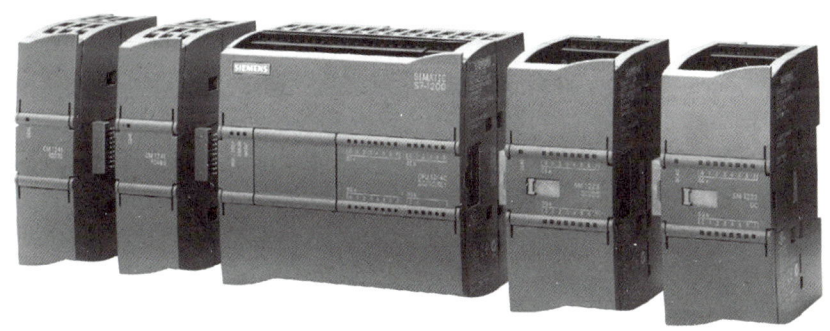

图 1-16　西门子 S7-1200 PLC

任务分析

硬件是 PLC 控制系统设计的基础。因 PLC 具有灵活、通用的特点，PLC 控制系统的硬件设计只要进行 PLC 与输入 / 输出信号间的简单连接即可。由于硬件设计一旦完成就不能像软件设计那样可以随时随地进行修改，因此 PLC 硬件设计是决定控制系统设计成败的关键问题，必须引起设计者的高度重视。

知识链接

1.3 PLC 控制系统项目设计流程

在满足工艺条件要求的前提下，项目的电气控制系统方案设计应满足软、硬件需求。PLC 电气控制系统项目设计流程如图 1-17 所示。

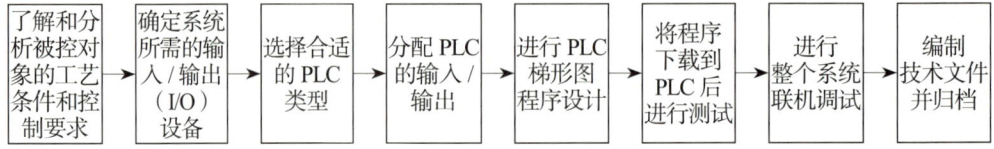

图 1-17　PLC 电气控制系统项目设计流程

（1）硬件选型要求：首先，要满足控制需求。根据功能要求确定输入/输出点数及类型，根据控制复杂程度和响应时间选择合适的 CPU 型号和容量。同时要考虑性能要求，确保功能满足需求。其次，追求性价比最优。一方面考虑 PLC 本体、模块及后期维护成本，平衡功能与价格；另一方面确保系统具有扩展性，预留余量，选择兼容性好的模块，以便未来升级和扩展。

（2）软件要求：编写 PLC 程序时，可采用对系统任务分块的方法。分块的目的就是把一个复杂的工程分解成多个比较简单的小任务，这样就把一个复杂的、大的问题转化为多个简单的、小的问题，便于编制程序。为使编程思路更加清晰合理，在编写程序前应先绘制程序结构流程图。完成 PLC 编程后要进行软件调试。

在设计任务完成后，要编制工程项目的技术文件。技术文件包括总体说明、电气原理图、电气布置图、硬件组态参数、符号表、软件程序清单及使用说明书。

1.4 西门子 S7-1200 PLC 硬件认知

S7-1200 可编程序控制器主要由 CPU 模块、通信模块（CM, comunication module）、信号模块（SM, signal module）和信号板（SB, signal board）及各种附件组成。通过 S7-1200 可编程序控制器集成的 PROFINET 接口可直接与编程器 PG、精简系列面板或其他第三方设备相连，还可使用 RS-485 或 RS-232 通信模块进行点对点通信。S7-1200 PLC 系统组成如图 1-18 所示。

扫一扫

扫码查看 S7-1200 CPU 面板介绍

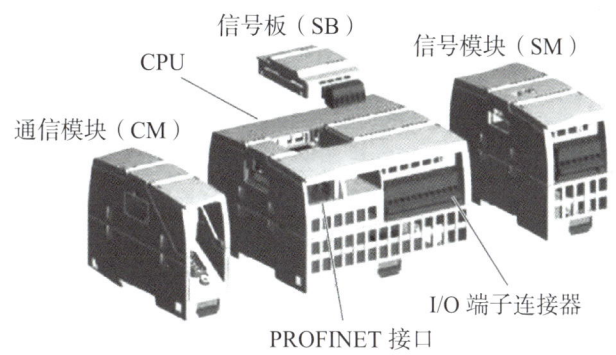

图 1-18 S7-1200 PLC 系统组成

1.4.1 S7-1200 PLC 的 CPU 电源模式

S7-1200 PLC 为整体式 PLC。整体式 PLC 又叫箱体式 PLC，将 CPU 模块、I/O 模块和电源装在一个箱状机壳内，具有结构紧凑、体积小、价格低等特点，小型 PLC 通常采用整体式结构。整体式 PLC 提供多种不同 I/O 点数的基本单元和扩展单元供用户选用，基本单元内有 CPU 模块、I/O 模块和电源，扩展单元内只有 I/O 模块和电源。S7-1200 PLC CPU1215C 型号的 CPU 面板如图 1-19 所示。

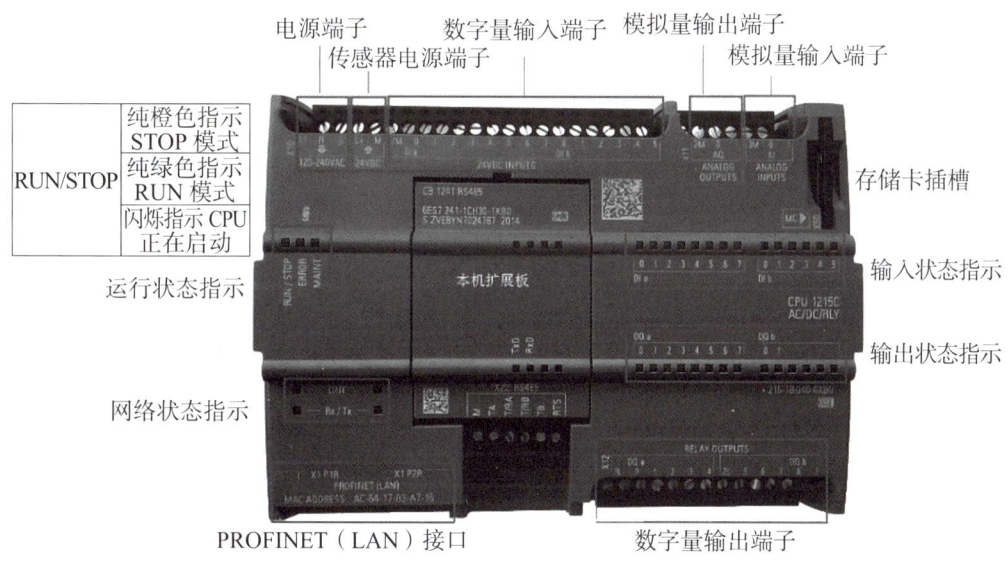

图 1-19 CPU1215C 型号的 CPU 面板

S7-1200 PLC 的 CPU 基本单元型号的格式如下：

CPU121 □ C ◇◇ / △△ / ▽▽

其中，□为具体系列；◇◇为工作电源类型；△△为输入端的工作电源类型；

▽▽为输出端的继电器（Relay）或晶体管类型。

每种 CPU 有三种电源模式，DC/DC/DC、DC/DC/RLY、AC/DC/RLY，如表 1-3 所示。每种类型用斜线分隔成三部分，分别表示 CPU 电源电压、输入端口电压及输出端口器件类型。

表 1-3　S7-1200 CPU 电源模式

类别	电源电压	DI 输入端口电压	DO 输出端口电压	DO 输出端口电流
DC/ DC/ DC	24 V DC	24 V DC	24 V DC	0.5 A，MOSFET
DC/ DC/ RLY	24 V DC	24 V DC	5 ～ 30 V DC 5 ～ 250 V AC	2 A，30 W DC/200 W AC
AC/ DC/ RLY	85 ～ 264 V AC	24 V DC	5 ～ 30 V DC 5 ～ 250 V AC	2 A，30 W DC/200 W AC

1.4.2　S7-1200 PLC 的 CPU 技术参数

S7-1200 PLC 的 CPU 型号有 CPU1211C、CPU1212C、CPU1214C、CPU1215C 和 CPU1217C 等，其技术参数如表 1-4 所示。

扫一扫

扫码查看 S7-1200 的选型

表 1-4　S7-1200 CPU 的技术参数

型号		CPU1211C	CPU1212C	CPU1214C	CPU1215C	CPU1217C
用户存储器	工作	50 KB	75 KB	100 KB	125 KB	150 KB
	装载	1 MB	1 MB	4 MB	4 MB	4 MB
	保持性	10 KB	10 KB	10 KB	10 KB	10 KB
集成 I/O	数字量	6 输入 / 4 输出	8 输入 / 6 输出	14 输入 /10 输出		
	模拟量	2 输入		2 输入 /2 输出		
过程映像大小		1024 B 输入（I）和 1024 B 输出（Q）				
位存储器（M）		4096 B		8192 B		
信号模块扩展个数		0	2	8		
信号板个数		1				

续表

型号		CPU1211C	CPU1212C	CPU1214C	CPU1215C	CPU1217C
通信模块		3（左侧扩展）				
高速计数器	单相	3 个 100 kHz	3 个 100 kHz 1 个 30 kHz	3 个 100 kHz 3 个 30 kHz		4 个 1 MHz 2 个 100 kHz
	正交	3 个 80 kHz	3 个 80 kHz 1 个 20 kHz	3 个 80 kHz 3 个 20 kHz		3 个 1 MHz 3 个 100 kHz
脉冲输出 （最多 4 点）		100 kHz	100 kHz/30 kHz			1 MHz/100 kHz
传感器电源可用 电流（24 V DC）		最大 300 mA		最大 400 mA		
SM 和 CM 总线可 用电流（5 V DC）		最大 750 mA	最大 1000 mA	最大 1600 mA		
数字量输入 电流消耗		每点 4 mA				
PROFINET		1 个以太网接口		2 个以太网接口		
执行速度	布尔运算	0.08 μs/ 指令				
	移动字	0.12 μs/ 指令				
	实数运算	2.3 μs/ 指令				

　　CPU 模块均内置两路板载模拟量输入通道和两路脉冲发生器，其中 CPU1215C 和 CPU 1217C 具有两路板载模拟量输出通道。不同型号的 CPU 模块分别内置 6 ～ 14 个板载输入点和 4 ～ 10 个板载输出点，以及最多 6 个高速计数器，并可附加各种信号模块（SM）和信号板（SB）以扩展 CPU 模块的 I/O 控制能力。还可使用附加模块通过 PROFIBUS、GPRS、RS-485 或 RS-232 等进行通信。CPU 模块通过 PROFINET 端口实现与编程计算机、人机界面、其他 PLC 及带以太网接口的设备进行通信。

　　西门子 PLC 的相关资料可以在西门子工业支持中心（http://www.ad.siemens.com.cn/home/）获取。

1.5　S7-1200 PLC 的扩展

S7-1200 PLC 的扩展模块包括三类，信号模块、信号板和通信模块。信号模块扩展在 CPU 的右侧，信号板扩展在 CPU 的正上方，通信模块扩展在 CPU 的左侧，如图 1-20 所示。

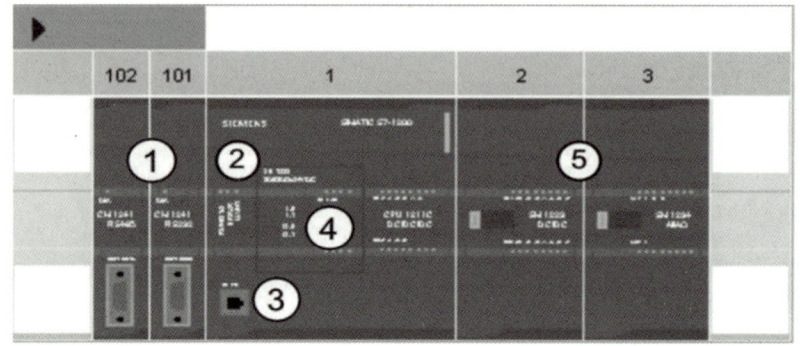

1- 通信模块（CM）；2-CPU：插槽 1；3-CPU 的以太网端口；

4- 信号板（SB）；5- 信号模块（SM）

图 1-20　S7-1200 PLC 的扩展

1. 通信模块（CM）

与通信相关的模块包括通信模块（CM）和通信处理器（CP），用于增加 CPU 的通信接口。S7-1200 CPU 的通信模块（CM）或通信处理器（CP）扩展在 CPU 的左侧（或连接到另一 CM 或 CP 的左侧），而且最多支持三个 CM 或 CP 的扩展，分别插在插槽 101、102 和 103 中，用于增加 CPU 的通信端口（RS-232 或 RS-485）。

通信模块（CM）包括 CM1241 通信模块、CM1243-5 PROFIBUS-DP 主站模块、CM1242-5 PROFIBUS-DP 从站模块。通信处理器（CP）包括 CP1242-7 GPRS 模块、CP1243-1 以太网通信处理器。

以 CM1241 通信模块为例，该模块用于扩展 RS-232 口或 RS-485 口进行串行通信，支持 ASCII 协议、MODBUS 协议、USS 协议。当然，除了可以用这个模块扩展 RS-232 或 RS-485 通信接口外，还可以使用通信板（CB, comunication board）。

2. 信号板（SB）

S7-1200 CPU 支持扩展信号板。信号板利用嵌入式安装方式，安装在 CPU 正上方，不占用空间，如图 1-21 所示。

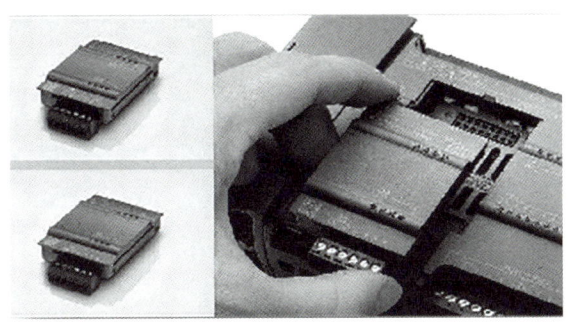

图 1-21　信号板

当需要扩展少量 I/O 点时，可选择扩展数字量 I/O 的信号板。除了数字量 I/O 信号板外，还有模拟量信号板，这些信号板型号一般以 SB 开头。此外，还有通信板（CB），可以为 CPU 增加其他通信端口。电池板（BB, battery board）可提供长期的实时时钟备份。

3. 信号模块（SM）

信号模块可以为 CPU 补充集成的 I/O 口，模块型号名称一般以 SM 开头。信号模块连接在 CPU 右侧，最多连接 8 个信号模块，分别插在插槽 2～9 中。信号模块包括数字量 I/O、模拟量 I/O、热电阻和热电偶等模块。S7-1200 PLC 信号模块如表 1-5 所示。

表 1-5　S7-1200 PLC 信号模块

信号模块	SM1221 DC	SM1221 DC		
数字量输入	DI 8×24V DC	DI 16×24 V DC		
信号模块	SM1222 DC	SM1222 DC	SM1222 RLY	SM1222 RLY
数字量输出	DO 8×24 V DC 0.5 A	DO 16×24 V DC 0.5 A	DO 8×RLY 30 V DC/1250 V AC 2 A	DO 16×RLY 30 V DC/1250 VAC 2 A
信号模块	SM1223 DC/DC	SM1223 DC/DC	SM1223 DC/RLY	SM1223 DC/RLY
数字量 输入 / 输出	DI 8×24 V DC DO 8×24 V DC 0.5 A	DI 16×24 V DC DO 16×24 V DC 0.5 A	DI 8×24 V DC DO 8×RLY 30 V DC /250 V AC 2 A	DI 16×24 V DC DO 16×RLY 30 V DC /250 V AC 2 A
信号模块	SM1231 AI	SM1231 AI		
模拟量输入	AI 4×13 bit +10 V DC/0-20 mA	AI 8×13 bit +10V DC/0-20 mA		

续表

信号模块	SM1232 AQ	SM1232 AQ		
模拟量输出	AQ 2×14 bit +10 V DC/0−20 mA	AO 4×14 bit +10 V DC/0−20 mA		
信号模块	SM1234 AI/AQ			
模拟量 输入 / 输出	AI 4×13 bit +10 V DC/0−20 mA AO 2×14 bit +10 V DC/0−20 mA			

注意：CPU1211C 不支持扩展信号模块，CPU1212C 最多支持扩展 2 个信号模块，其他型号 CPU 最多支持扩展 8 个信号模块。

数字量 I/O 信号模块包括 SM1221 数字量输入模块、SM1222 数字量输出模块、SM1223 数字量输入 / 输出模块等。

模拟量 I/O 信号模块包括 SM1231 模拟量输入模块、SM1232 模拟量输出模块、SM1231 热电偶和热电阻模拟量输入模块、SM1234 模拟量输入和输出混合模块。SM1231、SM1232 和 SM1234 用于接收或输出标准的电压信号和电流信号，部分 SM1231 模块还可以接热电阻或热电偶进行温度采集，将产生的热电势信号转换为对应的温度数值。

一技之长，能动天下

经过 3 天的激烈角逐，第一届全国职业技能大赛于 2020 年 12 月 13 日在广州落下帷幕。这是一场前所未有的"技能全运会"——竞赛规格最高、竞赛项目最多、参赛规模最大、技能水平最高。大到飞机修理，小到穿针引线，2000 多名"高手"技惊四座，来自全国各地的 291 名选手获得了 86 个项目的金、银、铜牌。在劳模精神、工匠精神的激励下，更多劳动者，特别是青年一代走上了技能成才、技能报国之路。从"国赛"中走出的他们，将走向世界职业技能大赛，在更高的舞台上展现"中国制造"的青春未来。

（资料来源：光明网，有改动）

任务实施　**S7-1200 PLC 的安装与接线**

一、S7-1200 PLC 的安装特点

西门子 S7-1200 PLC 具有安装简便灵活、结构紧凑的特性，是众多应用场合的理想选择。

（1）安装简便。S7-1200 的硬件具有内置安装夹，能够方便地安装在标准 35 mm DIN[①] 导轨上。硬件可进行竖直安装或水平安装。

（2）安装灵活。S7-1200 的硬件配备了可拆卸的端子板，只需要进行一次接线即可，从而在项目的集成及调试阶段提高了工作效率，简化了硬件组件的更换过程。

（3）结构紧凑。S7-1200 的硬件设计采用紧凑型方式，节省了在控制柜中安装占用的空间，提高了系统的灵活性。

扫一扫

扫码查看 S7-1200 的
模块安装

二、S7-1200 PLC 的安装

S7-1200 的硬件模块间连接使用模块自带的连接器，如图 1-22 所示。

图 1-22　模块安装

S7-1200 PLC 被设计成通过自然对流冷却。为保证适当冷却，在设备上方和下方必须留出至少 25 mm 的空隙。此外，模块前端与机柜内壁间至少应留出 25 mm 的深度。可采用水平和纵向安装，如图 1-23 所示，但纵向安装时允许的最大环境温度要减小 10 ℃。

---

① DIN：Deutsches Institut für Normung，德国标准化学会。

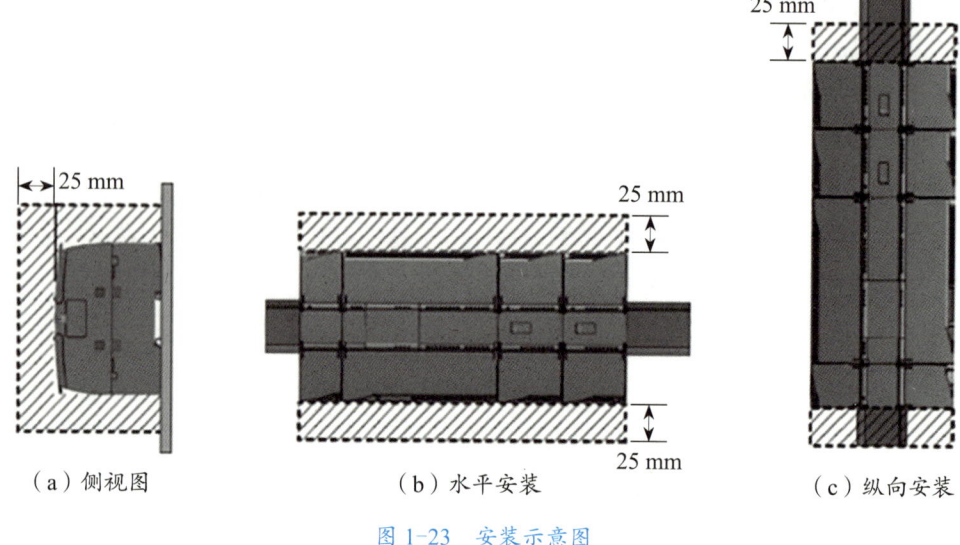

（a）侧视图   （b）水平安装   （c）纵向安装

图 1-23　安装示意图

安装模块时，先将 CPU 模块安装到 DIN 导轨上，再安装信号模块。如果有通信模块，应首先将通信模块连接到 CPU 模块上，然后将整个组件作为一个单元安装到 DIN 导轨或面板上，再安装信号模块。在安装或拆卸任何模块（含引线）之前，应确保已关闭电源。

此外，安装时还应遵循以下接线原则：

（1）将会产生高压和高电噪声的设备与 S7-1200 等低压逻辑型设备隔离开。

（2）应在 S7-1200 PLC 回路上安装一个可同时切断 CPU 电源、所有输入电路和输出电路的电源开关。电源应具有过电流保护（如熔断器或断路器）以限制故障电流。

（3）避免将低压信号线和通信电缆铺设在具有交流线和高能量快速开关信号线的线槽中，并始终使中性线或公共线与相线或信号线成对布线。

（4）应尽可能使连接线最短，并确保连接线能承载所需的电流。

（5）所有 S7-1200 PLC 模块都有供用户接线的可拆卸连接器，为防止连接器松动，应确保连接器固定牢靠且导线被牢固地安装到连接器中。

（6）应当为感性负载安装浪涌抑制电路，限制瞬态电压上升。

三、S7-1200 PLC 的接线

1. CPU 接线

以 CPU1214 为例，S7-1200 PLC 的 CPU 接线如图 1-24—图 1-26 所示。

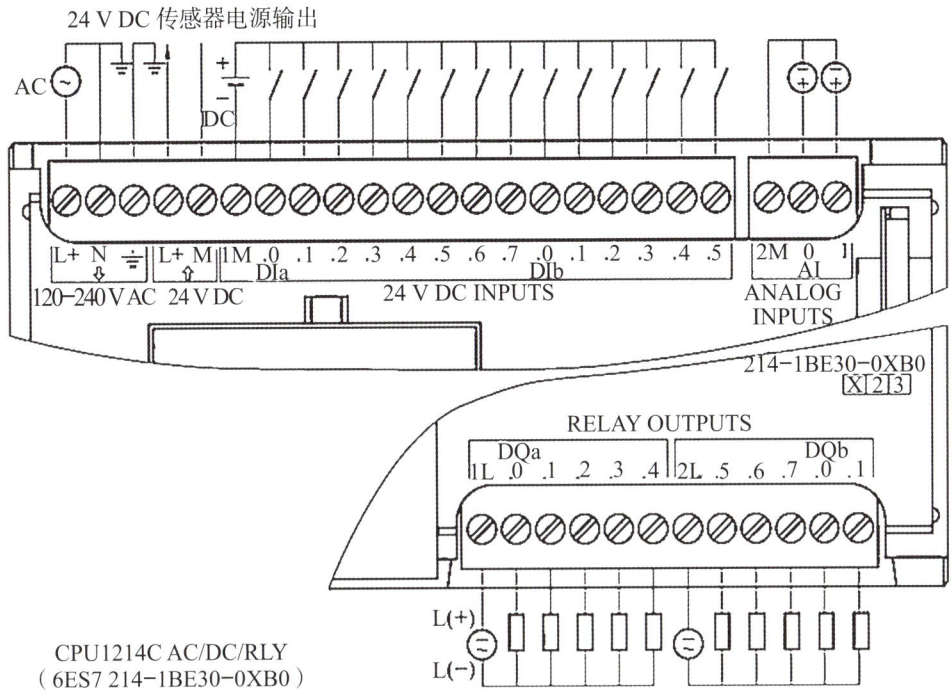

图 1-24 CPU1214C AC/DC/RLY 接线图

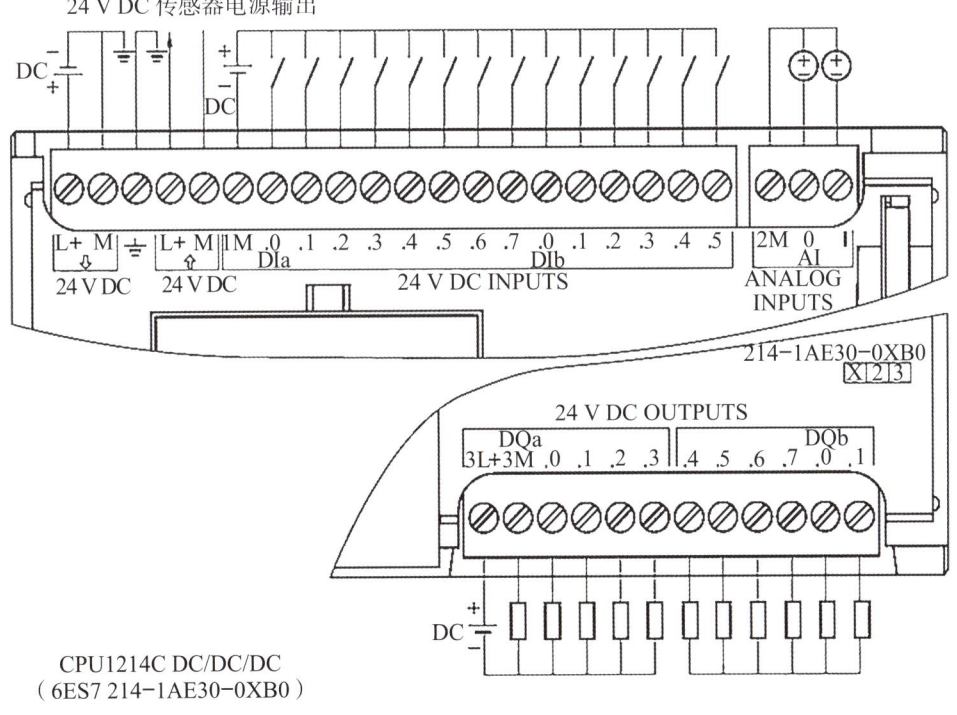

图 1-25 CPU1214C DC/DC/DC 接线图

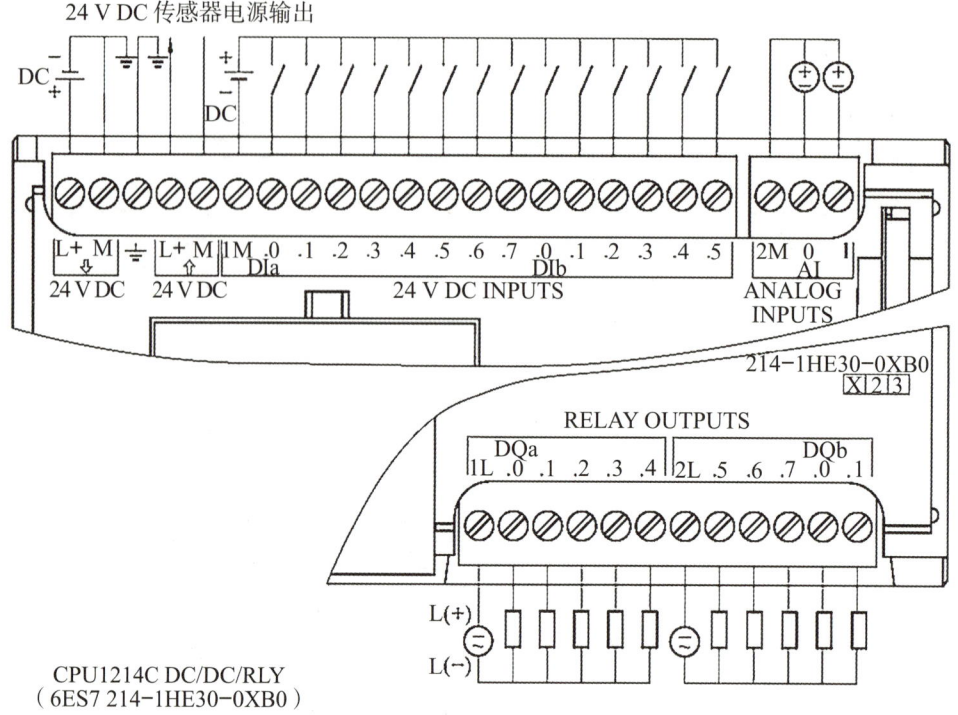

图 1-26　CPU1214C DC/DC/RLY 接线图

2. 信号板接线

以 SB1222、SB1223、SB1232 信号板为例，S7-1200 信号板的接线如图 1-27—图 1-29 所示。

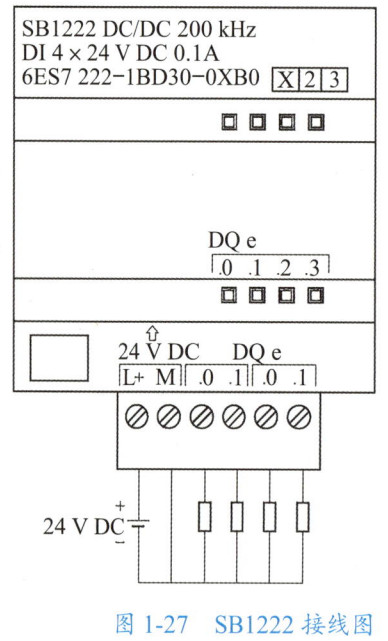

图 1-27　SB1222 接线图

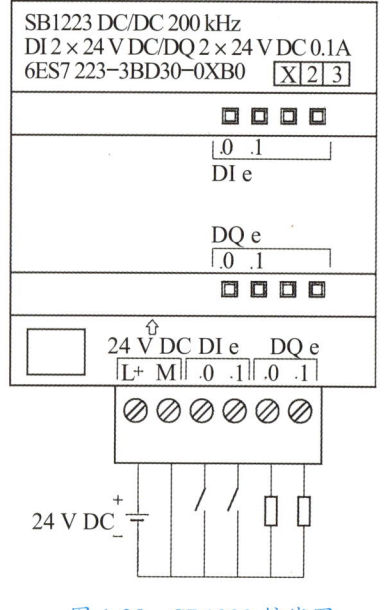

图 1-28　SB1223 接线图

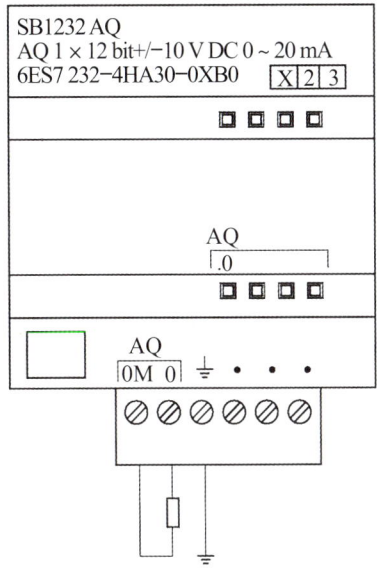

图 1-29　SB1232 接线图

（1）输出共用一个公共端时，同一组输出必须使用同一电压类型和等级，即电压相同、电流类型（同为直流或交流）和频率相同。不同组之间可以用不同的电流类型和电压。

（2）当连接在输出端子上的负载短路时，可能会烧坏输出元器件或印刷电路板，应在输出电路中加入起保护作用的熔断器。用电感性负载时，根据具体情况，必要时加入保护触点的回路。

思维拓展

西门子 S7-200，300，1200 三种型号 PLC 的区别

型号	存储空间	扩展性	简介
S7-200	5 MB	7 个模块	小型的可编程控制器，适用于各行各业，各种场合中的检测、监测及控制的自动化
S7-300	5～10 MB	8 个模块（RACK0）	模块化结构、易于实现分布式，性价比高、电磁兼容性强、抗震动冲击性能好，在工业控制领域中广泛应用
S7-1200	24 MB	8 个模块（CM）	紧凑型、模块化的 PLC，可完成简单逻辑控制、高级逻辑控制、HMI 和网络通信等任务，是小型自动化系统的优秀解决方案

任务评价反馈单

学生任务分配实施单

任务名称			西门子 S7-1200 PLC 的硬件安装与接线	
班级		组号		指导教师
组长		学号		
组员	姓名		学号	
	姓名		学号	
	姓名		学号	
	姓名		学号	

分工（就组织讨论、工具准备、数据记录、安全监督、成果展示等工作进行任务分工）

实施步骤

（1）手指口述 S7-1200 PLC 的 CPU 面板，介绍 PLC 面板的各个关键部位及作用。简述 PLC 控制系统项目设计流程。

（2）简述 PLC 的安装步骤。实操完成 S7-1200 PLC 的安装与接线，并上电运行，观察 PLC 是否能正常工作。

经验记录单

任务名称	西门子 S7-1200 PLC 的硬件安装与接线			
班级		姓名		指导教师
组长		组号		

总结与经验

实验过程中，出现了哪些问题？你是如何解决的？

问题 1：

解决方法：

问题 2：

解决方法：

问题 3：

解决方法：

各小组互评打分表

姓名		学号				班级			组别		
实训任务		西门子 S7-1200 PLC 的硬件安装与接线									
评价项目	分值	等级				评价对象（组别）							
		A	B	C	D	1	2	3	4	5	6	7	8
方案合理	20	20	15	10	5								
团队合作	20	20	15	10	5								
工作质量	20	20	15	10	5								
工作规范	20	20	15	10	5								
PPT/演示展示	20	20	15	10	5								
合计	100	各组得分											

总结与反思

（如：任务实施过程中遇到了什么问题→如何解决 / 解决不了的原因→心得体会）

教师评价打分表

姓名			学号		班级		组别	
实训任务			西门子 S7-1200 PLC 的硬件安装与接线					
评价项目			评价标准				分值	得分
考勤（10%）			无迟到、早退和旷课的现象				10	
工作过程（60%）	知识目标	获取信息	掌握工作相关知识				10	
		进行表决	制订工作方案，方案合理可行				10	
	技能目标	任务实施	能够正确完成 PLC 的安装				5	
			能够正确完成 PLC 的外部接线				5	
			能够正确完成上电前的检测				5	
			电路上电后运行正确				5	
	素养目标	工作态度	认真严谨、积极主动、安全生产、文明施工				5	
		团队合作	与小组成员、同学之间合作交流、协作工作				5	
		工作质量	按照工作方案操作，按计划完成工作任务				10	
项目成果（30%）		工作完整	能按时完成工作任务的所有环节				10	
		工作规范	实训过程中规范操作，避免意外事故的发生				10	
		汇报展示	能准确表达、汇报工作成果				10	
合计							100	
综合评价			学生评价（50%）		教师评价（50%）		综合得分	

综合评语	（作业过程中存在的问题及改进建议）

任务1-3　博途软件的认知与应用

任务描述

PLC控制系统的设计包括硬件与软件两方面的内容，其中软件设计是PLC控制的灵魂。在PLC的应用中，最重要的是用编程语言来编写用户程序，以实现控制目的。由于PLC是专门为工业控制而开发的装置，其主要使用者是广大电气技术人员，为了符合他们的传统习惯和掌握能力，PLC的主要编程语言采用相对计算机语言更简单、易懂、形象的专用语言。

任务分析

与一般计算机语言相比，PLC的编程语言具有易学易懂、实时性强、可靠性高、可编程性强、通用性强的特点。各家公司的PLC产品一般有其各自的编程语言。

西门子Totally Integrated Automation Protal（全集成自动化博途，简称博途软件）将所有相关自动化软件工具集成在统一的开发环境中，是一款将所有自动化任务整合在一个工程设计环境下的软件。

知识链接

1.6　PLC的编程语言

PLC有5种编程语言：梯形图（ladder diagram，LAD）、顺序功能图（sequential function chart）、功能块图（function block diagram，FBD）、指令表（instruction list）及结构文本（structured text）。其中梯形图以其直观、形象、实用、简单等特点为广大用户所熟悉和掌握。S7-1200只有梯形图和功能块图两种编程语言。

扫一扫

扫码查看S7-1200 PLC
程序设计基础

1. 梯形图

梯形图（LAD）由原接触器、继电器构成的电气控制系统二次展开图演变而来，与电气控制系统的电路图相呼应，是实时的、图形化的编程语言，特别适合于数字量逻辑控制，是目前应用最多的 PLC 编程语言，但不适合于编写大型控制程序。

梯形图由触点、线圈或功能方框等基本编程元素构成，左、右垂线类似继电器控制图的电源线，称为左、右母线。左母线可看成能量提供者，触点闭合则能量通过，触点断开则能量阻断。这种能量流称为"能流"。梯形图用绿色连续线来表示状态满足，即有能流流过；用蓝色虚线表示状态不满足，即没有能流流过；用灰色连续线表示状态未知或程序没有执行；黑色表示没有在线监控。

触点：代表逻辑控制条件，有常开 ┤├ 和常闭 ┤/├ 两种形式。

线圈：代表逻辑"输出"结果，"能流"流到时，该线圈 ─( )─ 被激励。

方框：代表某种特定功能的指令，"能流"通过方框，则执行其动能，如定时、计数、数据运算等。

图 1-30 所示的梯形图中省略了右母线。图中 I0.4 触点接通，有"能流"流过 Q0.2 的线圈，Q0.2 所驱动的红灯会亮。能流只能从上至下、从左向右流动，左侧总是安排输入触点，并且把并联触点多的支路靠近最左端。不论输入触点是外部的按钮、行程开关，还是继电器触点，在图形符号上只用常开 ┤├ 和常闭 ┤/├ 两种表示方式。

图 1-30　梯形图

2. 功能块图

功能块图（FBD）是一种类似数字逻辑门电路的编程语言，有数字电路基础的人很容易掌握。FBD 用类似与门、或门的方框来表示逻辑运算关系，方框的左侧为逻辑运算的输入变量，右侧为输出变量；输入、输出端的小圆圈表示"非"运算；方框被"导线"连接在一起，信号自左向右流动。图 1-31 所示功能块图的控制逻辑与图 1-30 相同。

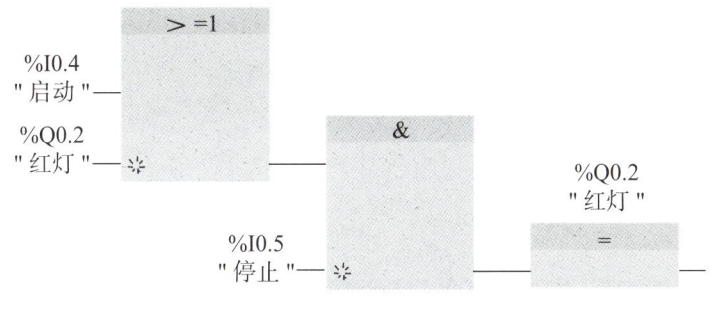

图 1-31　功能块图

1.7　博途软件认知

博途软件是业内首个采用统一工程组态和软件项目环境的自动化软件，帮助用户以更快速、直观的方式开发和调试自动化系统。

扫一扫

扫码查看博途软件认知

博途软件有博途视图和项目视图，可以通过视图左下角的图标按钮进行切换。

1.博途视图

博途视图是面向任务的工作模式，使用简单、直观，可以更快地开始项目设计，如图 1-32 所示。

博途视图的布局为左中右三栏。左边栏是启动选项，列出了安装软件包所涵盖的功能；根据不同的选择，中间栏会自动筛选出可以进行的操作；右边栏会更详细地列出具体的操作项目。

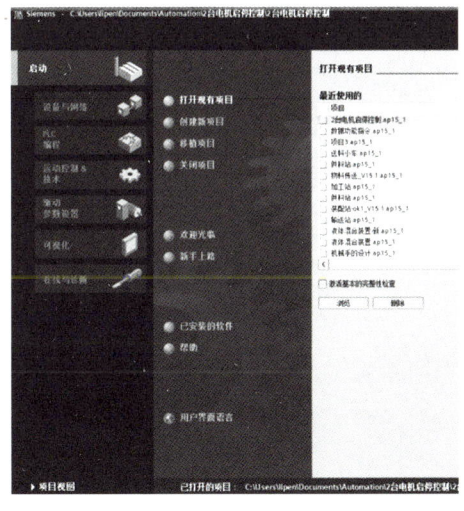

图 1-32　博途视图

2. 项目视图

项目视图能显示项目的全部组件，可以方便地访问设备和块。

在图 1-33 所示的项目视图中，①为菜单栏，②为工具栏，③为项目树，④为详细视图，⑤为工作区，⑥为巡视窗口，⑦为任务卡，⑧为"信息"窗口，⑨为编辑器栏。

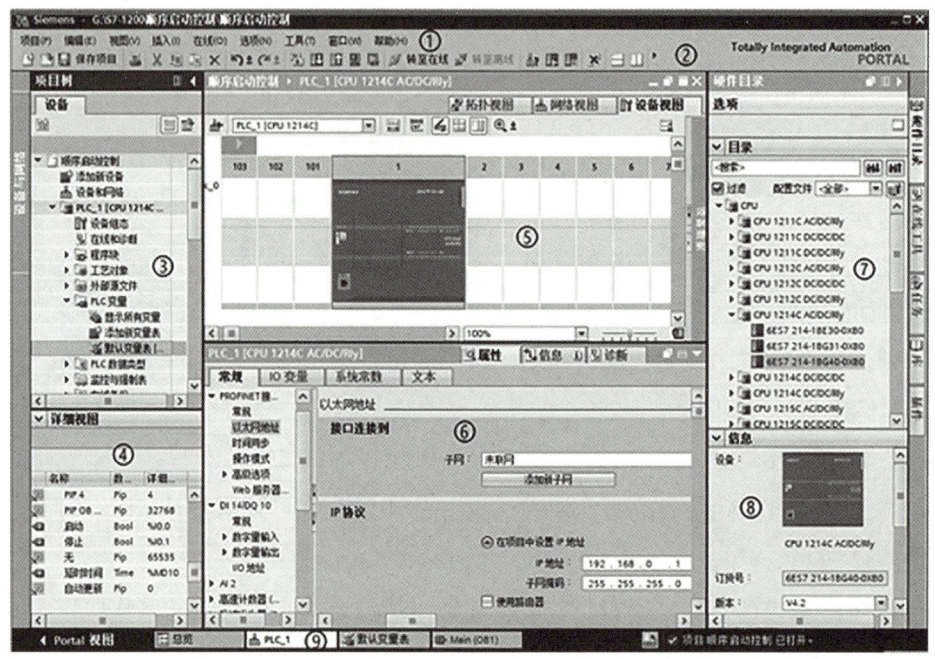

图 1-33　项目视图

（1）项目树：显示整个项目的各种元素。可以通过项目树访问所有的设备和项目数据。在项目树中可添加新设备，编辑现有的设备，扫描并更改现有项目数据的属性。

（2）工作区：工作区内可以显示打开的对象并进行编辑。

（3）巡视窗口：检查器窗口显示与已选对象或已执行活动等有关的附加信息。

（4）编辑器栏：用于显示已打开的编辑器。如果已打开多个编辑器，可以使用编辑器栏在打开的对象之间快速切换。

（5）任务卡：根据所编辑或所选定对象的不同，使用任务卡可以自动提供执行的附加操作，包括从库或者硬件目录中选择对象等。

（6）详细视图：显示总览窗口和项目树中所选对象的特定内容。

3. 选择语言

更改用户界面语言的操作步骤：

（1）在"选项"（Options）菜单中选择"设置"（Settings）命令，打开"设置"对话框，如图1-34所示；

（2）在导航区中选择"常规"（General）组；

（3）在"常规设置"（General settings）区从"用户界面语言"（User interface language）下拉列表中选择所需要的语言，用户界面语言将会更改成所需要的语言。

下次打开该程序时，将显示为已经选定的用户界面语言。

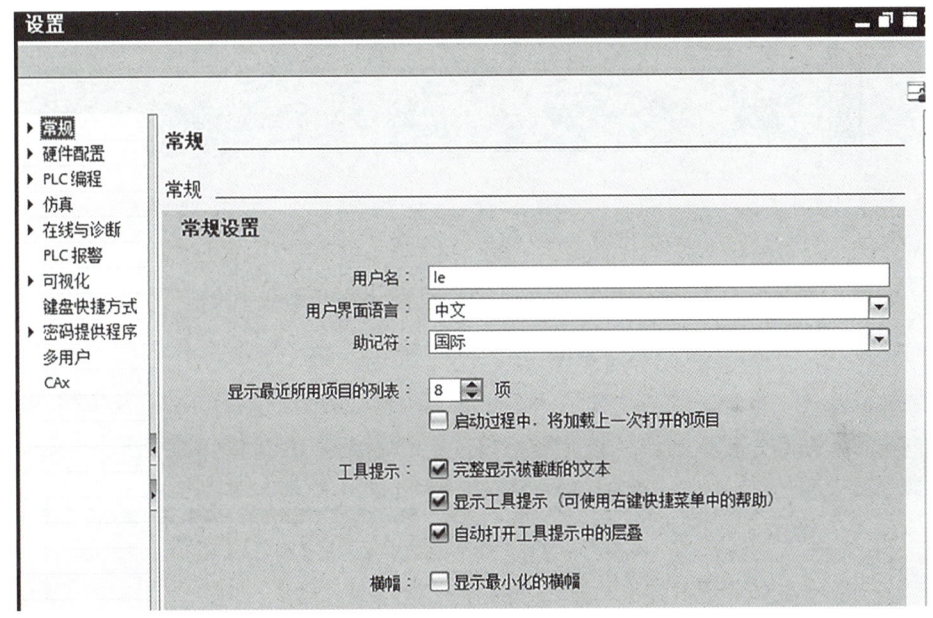

图1-34　"设置"对话框

4. 工作区

编程等主要的工作都在工作区中进行，如图1-35所示。这个区域中有分隔线，用于分隔界面的各个组件。可以用分隔线上的箭头来显示或隐藏相邻部分。

在工作区中可以同时打开多个对象。正常情况下，工作区中一次只能显示多个已打开对象中的某一个对象，其余对象则以选项卡的形式显示在编辑器栏中。没有打开编辑器时，工作区是空的。

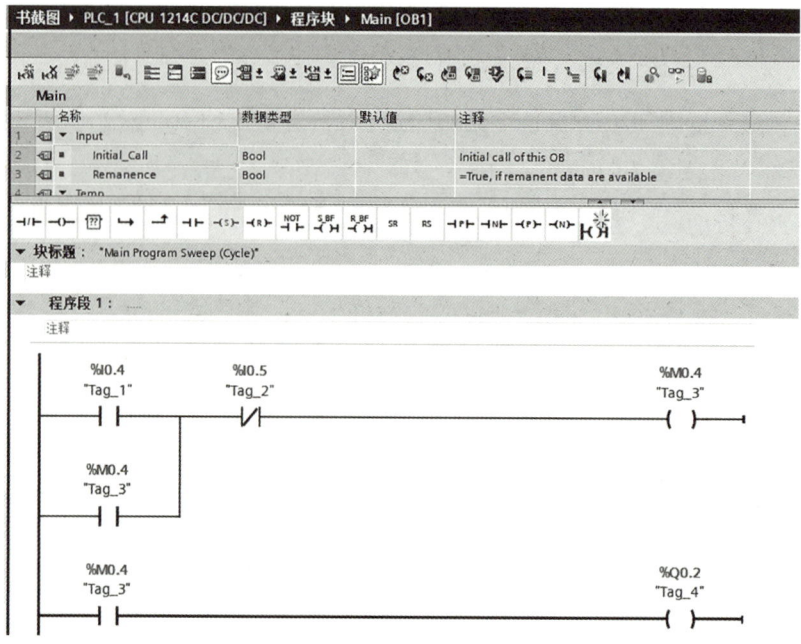

图 1-35　工作区

如果需要同时显示两个对象，则可以垂直或水平拆分工作区。

拆分方法：在"窗口"（Window）菜单中，选择"垂直拆分编辑区"或"水平拆分编辑区"命令，或者单击工具栏的按钮，所单击选择的对象及编辑器栏内的下一个对象将会彼此相邻或者彼此重叠地显示出来，如图 1-36 所示。

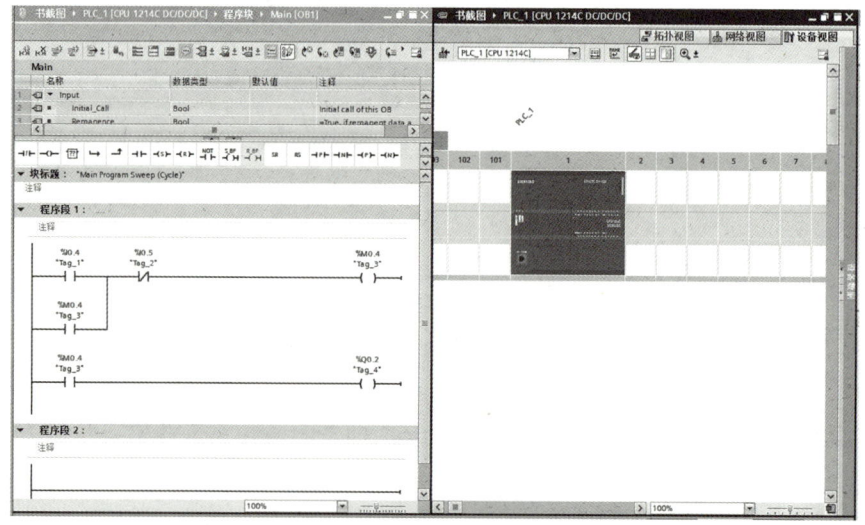

图 1-36　编辑区的拆分

（1）折叠窗口。单击相应窗口的折叠图标 █ ，即可将暂时不用的窗口折叠起来；单击对应窗口的展开图标 █ ，即可将折叠的窗口重新展开。也可通过双击工作区的标题栏折叠窗口，再次双击则恢复。

（2）自动折叠。单击自动折叠图标 █ ，当鼠标回到工作区时，相应的窗口会自动折叠起来；单击永久展开图标 █ ，可以将自动折叠的窗口恢复为永久展开。

（3）窗口浮动。单击图标 █ 可以使窗口浮动，之后可以将浮动的窗口拖到其他地方。对于多屏显示，可以将窗口拖到其他屏幕，实现多屏同时编程。单击图标 █ 可以将已浮动的窗口还原。

（4）恢复默认布局。单击菜单"窗口"下拉列表中"默认的窗口布局"命令，即可将定制过的窗口恢复为默认布局。

5. 保存项目

在当前状态下，仅需要单击工具栏的"保存项目"按钮，如图1-37所示，就可以保存完整的项目，即使项目中包含有错误也可以保存。

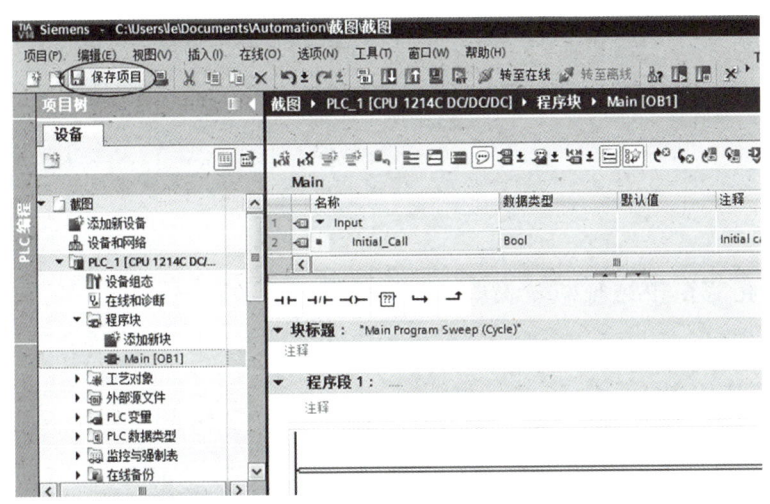

图1-37　保存项目

任务实施　博途软件的操作应用
——启保停连续控制

PLC软件程序设计与调试是工业自动化控制系统设计的核心与灵魂，非常重要。此处以典型启保停程序设计与调试为例，介绍博途软件的操作及应用。

扫一扫

扫码查看博途软件
的设计与调试——启保停

1. 创建项目

打开 TIA Portal 软件，点击"创建新项目"图标，输入要设计的项目名称，并选择该项目的保存路径，点击"创建"按钮创建项目。

点击博途视图的左下角图标按钮进入"项目视图"，在左侧项目树中双击"添加新设备"图标，选择"SIMATIC S7-1200"→"CPU 1214C DC/DC/DC"→"6ES7 212-1AE40-0XB0"（根据硬件实际情况进行调整），如图 1-38 所示。

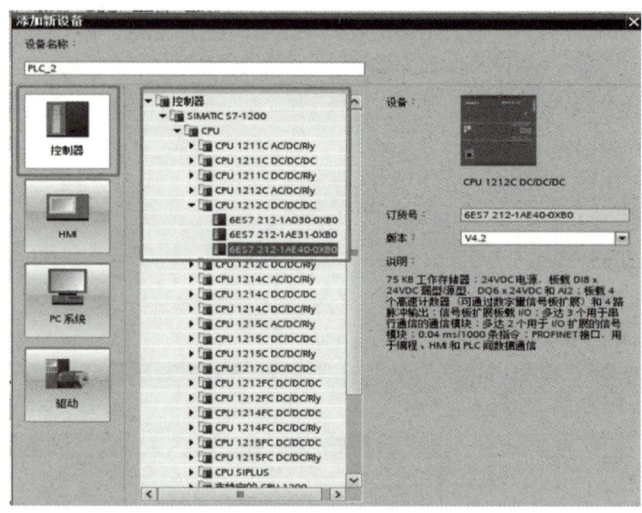

图 1-38　添加新设备

2. 设置设备 IP 地址

选择 CPU，再单击选择检查器窗口的"属性"选项卡，在"常规"选项卡中配置网络，如图 1-39 所示。

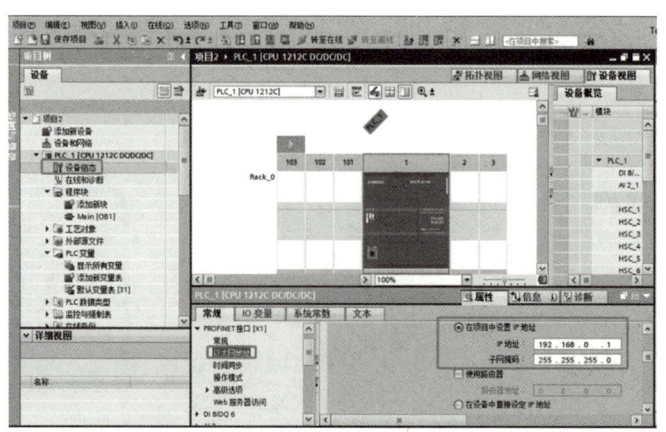

图 1-39　设置设备的 IP 地址

点击"添加新子网"按钮，将 IP 地址改为"192.168.0.1"，子网掩码为"255.255.255.0"。

注意：与其他 PLC 通信时，两个 PLC 网址的前 3 个字节应相同，最后 1 个字节不同。

3. 编写启保停软件程序

可以利用多种方法实现电动机的启保停控制。

方法一：基于触电线圈的启保停程序，如图 1-40 所示。

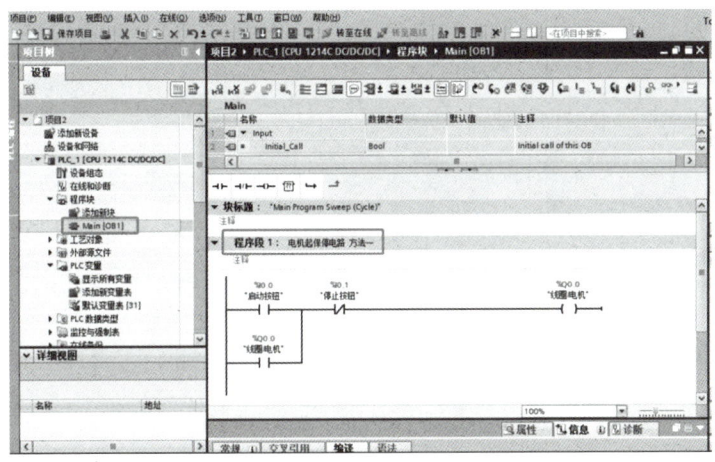

图 1-40　基于触电线圈的启保停程序

方法二：基于置位复位指令的启保停程序，如图 1-41 所示。

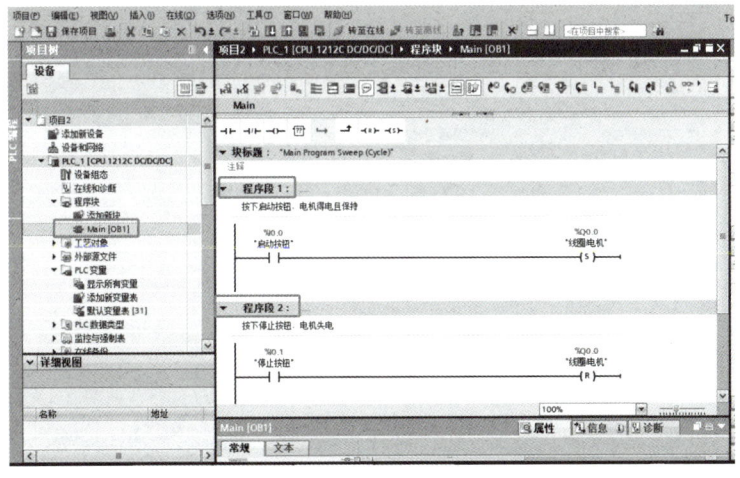

图 1-41　基于置位复位指令的启保停程序

4. 程序下载

在项目树中，单击"PLC_1"，点击"下载"按钮，弹出如图1-42所示的下载界面。选择"PG/PC 接口类型"为"PN/IE"；"PG/PC 接口"为实际连接以太网的网卡名称；"接口 / 子网的连接"选择其中任一项都可以。再找到"PLC_1"，点击"下载"按钮。在下载过程中，可根据要求选择"停止 PLC"，下载后再启动 PLC。下载完成后，如各个设备都显示为绿色，则说明硬件组态成功；若不能正常运行，则说明组态错误，可使用 CPU 的在线诊断工具进行诊断与排错。

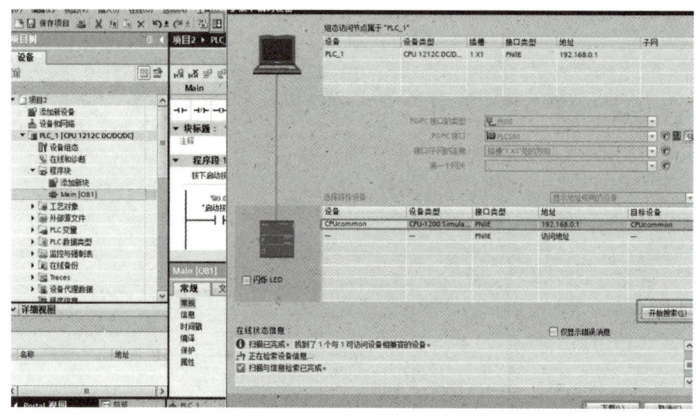

图 1-42　程序下载界面

点击"下载"按钮后，在下载预览界面中选择"停止模块"为"全部停止"，如图1-43所示。点击"装载"按钮，程序装载界面如图1-44所示。下载完成如图1-45所示。

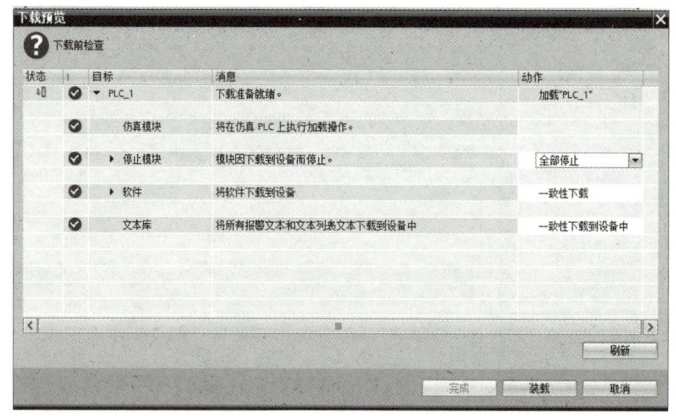

图 1-43　下载预览界面

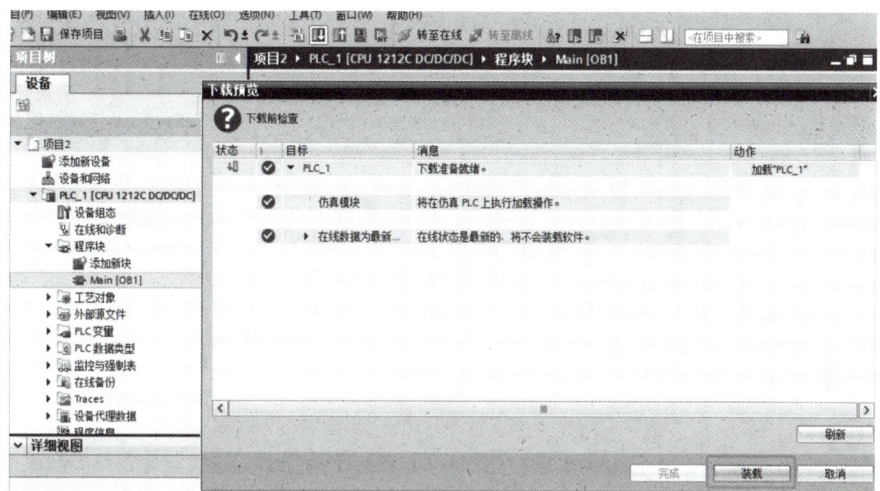

图1-44　程序装载界面

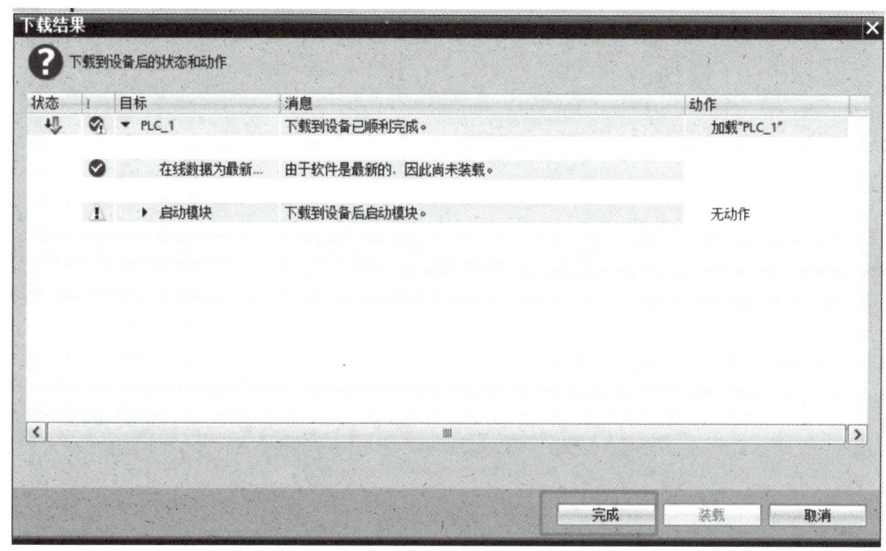

图1-45　程序下载完成

5.程序仿真运行

方法一的程序仿真效果如图1-46所示，方法二的程序仿真效果如图1-47所示。

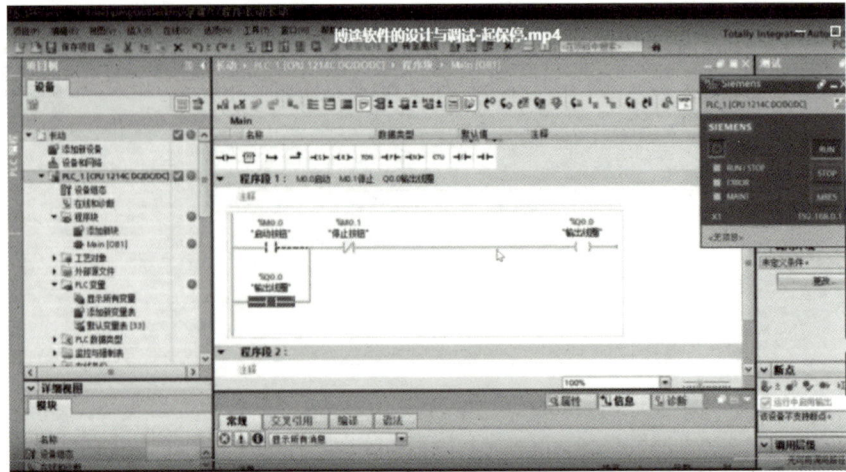

图 1-46　基于方法一的程序仿真效果

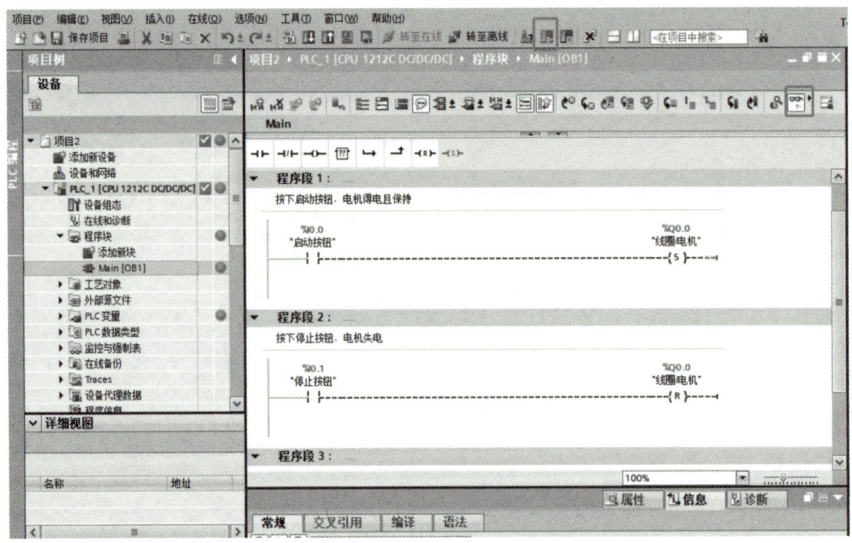

图 1-47　基于方法二的程序仿真效果

任务评价反馈单

学生任务分配实施单

任务名称			博途软件的认知与应用		
班级		组号		指导教师	
组长		学号			
组员	姓名		学号		
	姓名		学号		
	姓名		学号		
	姓名		学号		

分工（就组织讨论、工具准备、数据采集记录、安全监督、成果展示等工作内容进行任务分工）

实施步骤

（1）简述 TIA 博途软件的安装过程和步骤，在个人电脑中完成 TIA 博途软件安装，并测试博途软件是否能正常工作。

（2）熟练应用并操作博途软件，完成启保停控制程序的编写、下载，并完成程序调试、监控。

经验记录单

任务名称	博途软件的认知与应用			
班级		姓名		指导教师
组长		组号		

总结与经验

实验过程中，出现了哪些问题？你是如何解决的？

问题 1：

解决方法：

问题 2：

解决方法：

问题 3：

解决方法：

各小组互评打分表

姓名		学号			班级			组别	
实训任务		博途软件的认知与应用							

评价项目	分值	等级				评价对象（组别）							
		A	B	C	D	1	2	3	4	5	6	7	8
方案合理	20	20	15	10	5								
团队合作	20	20	15	10	5								
工作质量	20	20	15	10	5								
工作规范	20	20	15	10	5								
PPT/演示展示	20	20	15	10	5								
合计	100	各组得分											

总结与反思
（如：任务实施过程中遇到了什么问题→如何解决／解决不了的原因→本次任务心得体会）

教师评价打分表

姓名			学号		班级		组别	
实训任务				博途软件的认知与应用				
评价项目			评价标准				分值	得分
考勤（10%）			无迟到、早退和旷课的现象				10	
工作过程（60%）	知识目标	获取信息	掌握工作相关知识				10	
		进行表决	制订工作方案，方案合理可行				10	
	技能目标	任务实施	能够熟练操作博途软件				5	
			能够利用博途软件完成程序的编写				5	
			能够利用博途软件完成程序的调试、监控				5	
			能够正确完成上电前的检测，电路上电后运行正确				5	
	素养目标	工作态度	认真严谨、积极主动、安全生产、文明施工				5	
		团队合作	与小组成员、同学之间合作交流、协作工作				5	
		工作质量	按照工作方案操作，按计划完成工作任务				10	
项目成果（30%）		工作完整	能按时完成工作任务的所有环节				10	
		工作规范	实训过程中规范操作，避免意外事故的发生				10	
		汇报展示	能准确表达、汇报工作成果				10	
合计							100	
综合评价			学生评价（50%）		教师评价（50%）		综合得分	
综合评语			（作业过程中存在的问题及改进建议）					

项目 2　基于 PLC 的电动机控制

项目导入

PLC 是一门侧重应用方向的学科，所以要多进行应用实践。在工业控制中，很多被控对象是由电动机来驱动的。日常生活和工业生产中的设备经常需要具有上下、左右、前后、正反方向的点动或连续运行，如垂直电梯轿厢的上行和下行、电梯门的开和关、机床工作台的前进与后退、机床主轴的正转与反转等，这些都可以通过用 PLC 实现电动机的启停与转向控制。

学习目标

（1）掌握 PLC 控制电动机的基本方法，能够确定 I/O 点的分配并正确接线；

（2）掌握 PLC 的工作原理，能够用 I、Q、M 软元件编写电动机控制程序；

（3）熟悉系统存储器和时钟存储器的组态，能够根据要求选用设定的系统存储器和时钟存储器的某一位；

（4）熟练掌握自锁与互锁的编程方法，能够实现 PLC 控制电动机正、反转；

（5）学会利用控制电路移植法设计梯形图，并熟悉 PLC 的编程规则与技巧。

任务 2-1　电动机正反转控制

在生产和生活中，许多设备需要完成两个相反方向的运行，如机床工作台的前进和后退、电梯的上行和下行、台钻的正转和反转，等等。电动机正反转控制与顺序控制是电动机最常见、应用最广泛的控制方式。

电动机正反转，代表的是电动机顺时针转动和逆时针转动。设电动机顺时针转动为正转，则电动机逆时针转动为反转。要改变电动机的转向，只要将接至电动机三相电源进线中的任意两相对调接线，即可达到反转的目的。

2.1　PLC 的数据类型与存储器

PLC 采用的梯形图编程是模拟继电器控制系统的表示方法，其中各种元件沿用继电器控制的叫法，但非物理继电器，称为"软继电器"或"软元件"。实际上这些元件是由电子电路和存储器组成的，按元件的功能命名，例如输入继电器 I、输出继电器 Q、辅助继电器 M（也称中间继电器）等。在西门子 S7-1200 PLC 中是按照一定的数据格式对 I、Q、M 进行访问的。下面先介绍数据存储类型与系统存储区，再举例说明 I、Q、M 的应用。

扫一扫

扫码查看 PLC 的
数据类型

2.1.1 数据存储类型

1. 数据的长度

在计算机中使用的是二进制数，其最基本的存储单位是位（bit），如图 2-1 中的 I2.3 所示。8 位二进制数组成 1 字节（byte，B），如图 2-1 中的 I2 所示，其中第 0 位为最低位（LSB），第 7 位为最高位（MSB）。二进制数的"位"只有 0 和 1 两种值，开关量（或数字量）也只有两种不同的状态，如触点的断开和接通，线圈的失电和得电等。在 S7-1200 梯形图中，可用"位"扫描它们。如果该位为 1，则表示对应的线圈为得电状态，触点为转换状态（常开触点闭合、常闭触点断开）；如果该位为 0，则表示对应线圈、触点的状态与上述状态相反。

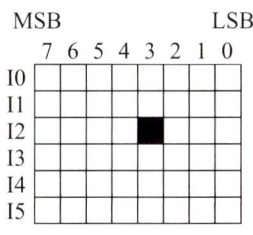

图 2-1 位数据

2 字节（16 位）组成 1 字（Word），2 字（32 位）组成一个双字（Double Word），如图 2-2 所示。在数据长度为字或双字时，起始字节均放在高位上。

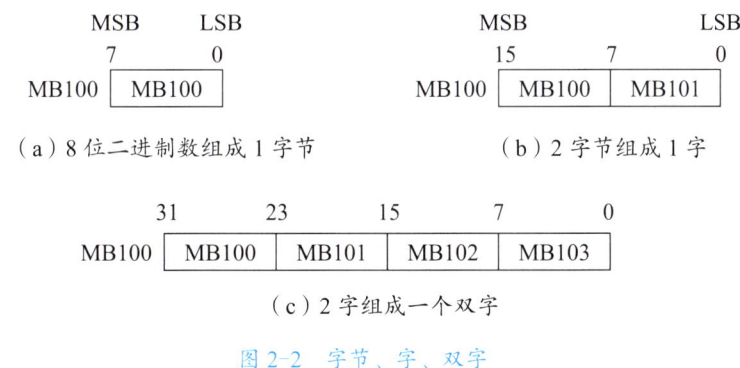

（a）8 位二进制数组成 1 字节　　　　（b）2 字节组成 1 字

（c）2 字组成一个双字

图 2-2 字节、字、双字

2. 数据类型及数据范围

S7-1200 PLC 的数据类型可以是字符串、布尔型（0 或 1）、整数型和实数型（浮点数）。整数型数据包括 16 位符号整数（Int）和 32 位符号整数（DInt）。其数据类型如表 2-1 所示。

表 2-1　S7-1200 PLC 的数据类型

基本数据类型		位数	说明
布尔型（Bool）		1	位的范围：0，1
无符号数	字节型（Byte）	8	字节的范围：0~255
	字型（Word）	16	字的范围：0~65 535
	双字节型（Double Word）	32	双字的范围：0~($2^{32}-1$)
有符号数	字节型（Byte）	8	字节的范围：−128~+127
	整数（Int）	16	整数的范围：−32 768~+32 767
	双整数（DInt）	32	双整数的范围：-2^{31}~($2^{32}-1$)
实数型（Real）		32	实数的范围：符合 IEEE 浮点数标准

3. 常数

常数的数据长度可以是字节、字和双字。CPU 以二进制的形式存储常数，书写常数可以用二进制、十进制、十六进制、ASCII 码或实数等多种形式。

书写格式示例：十进制常数，如 1234；十六进制，如 16#3AC6；二进制常数，如 2#10100001；ASCII 码，如 "Show"；实数（浮点数），如 +1.175495E−38（正数），−1.175495E−38（负数）。

2.1.2　系统存储区

用户程序访问 PLC 的输入（I）和输出（Q）地址区时，不是去读、写数字量模块中信号的状态，而是访问 CPU 的过程映像区。在每次扫描循环开始时，CPU 读取数字量输入模块的外部输入电路状态，并将它们存入输入过程映像区。在扫描循环中，用户程序计算输出值，并将它们存入过程映像输出。在下一个循环扫描开始时，将过程映像输出区的内容写到数字量输出模块。PLC 控制系统示意图如图 2-3 所示。

扫一扫

扫码查看寻址方式
与系统存储区

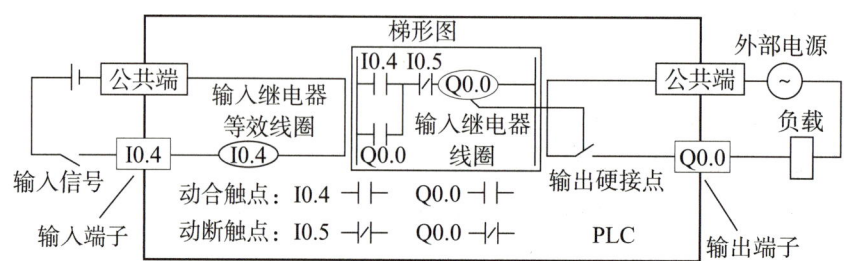

图 2-3　PLC 控制系统示意图

1. 输入过程映像寄存器（输入继电器）I

输入过程映像寄存器又称输入继电器，在用户程序中的标志符为 I，它是 PLC 接收外部输入数字量信号的窗口。输入端可以外接常开触点或常闭触点，也可以接由多个触点组成的串、并联电路。在每次扫描循环开始时，CPU 读取数字量输入模块外部输入电路的状态，并将它们存入输入映像寄存器。

在梯形图中，输入继电器 I 只有常开、常闭触点形式，不会出现线圈。可以认为输入继电器 I 触点的动作直接由外部条件决定，并且作为 PLC 其他编程元件线圈的输入条件。在梯形图中，每一个输入继电器有无限多个常开、常闭触点可以使用。

与直接访问输入模块相比，访问过程映像输入可以保证在整个扫描循环周期内过程映像输入状态的一致性，即使在本次循环的程序执行过程中接在输入模块的外部电路状态发生了变化，过程映像输入的状态仍保持不变，直到下一个循环被刷新。由于过程映像保存在 CPU 的系统存储器中，访问速度比直接访问信号模块快得多。

2. 输出映像过程寄存器（输出继电器）Q

输出过程映像寄存器又称输出继电器，在用户程序中的标志符为 Q，PLC 的一个输出端口对应一个输出继电器。在扫描循环中，用户程序计算输出值，并将它们存入输出映像寄存器。在下一循环扫描开始时，将输出映像寄存器的内容写到数字量输出模块，通过它驱动输出负载或下一级电路。如果梯形图中 Q0.0 的线圈通电，则继电器输出模块对应的硬件继电器的常开触点闭合，使接在 Q0.0 对应的输出端子的外部负载通电工作。输出模块的每一个硬件继电器仅有一对常开触点，但是在梯形图中，可以多次使用同一个输出位的常开触点和常闭触点。

I 和 Q 均可以按位、字节、字和双字来访问，例如 I0.0、IB0、IW0 和 ID0。用户程序访问 PLC 的输入 / 输出地址区时，不是去读、写数字量模块中信号的状态，而是访问 CPU 的输入 / 输出映像寄存器。

3. 位存储器（中间继电器）M

位存储器（M）又称中间继电器，使用的频率很高。M 用来存储运算的中间操作状态或其他控制信息，可以用位、字节、字或双字读 / 写存储器区，程序运行时需要的很多中间变量都存放在 M 区。M 区的数据可以在全局范围内进行访问，不会因为程序块调用结束而被系统收回。M 不能直接接收外部输入信号，也不能直接驱动外部负载。中间继电器的线圈只能由程序驱动，触点是内部触点，在程序中可以无限次使用。注意，M 区的数据在断电后无法保存，若需要保存该区数据，需将数据设置成断电保存，系统会在电压降低时自动将其保存到保持存储区。

图 2-4 中的 Q0.1 线圈被重复输出（称为"双线圈输出"）。在用梯形图编程

中不允许出现双线圈输出，可以通过用中间继电器 M 来解决梯形图中线圈重复输出的问题，修改后的梯形图如图 2-5 所示。

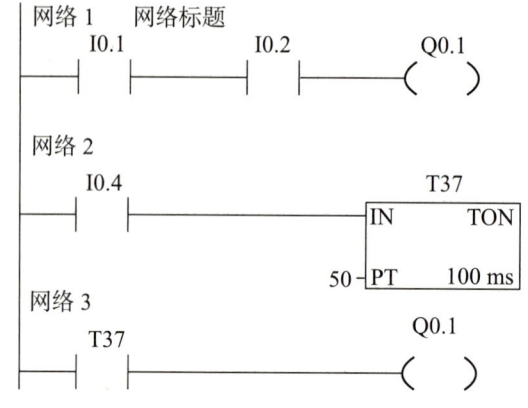

图 2-4　线圈重复输出示例

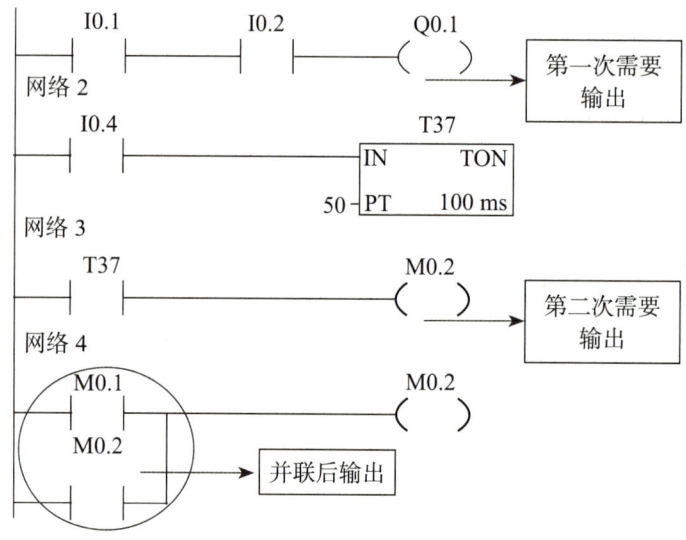

图 2-5　修改线圈重复输出示例

4. 物理输入

在 I/O 点的地址或符号地址的后边附加 ":P"，可以立即访问物理输入或物理输出。

通过给输入点的地址附加 ":P"，例如 I0.3:P 或 "Stop:P"，可以立即读取 CPU、信号板和信号模块的数字量输入或模拟量输入。

访问时使用 I_:P 取代 I 的区别在于前者的数字直接来自被访问的物理输入点，而不是来自输入映像寄存器。因为数据从信号源被立即读取，而不是从最后依次被刷新的输入映像寄存器中复制，这种访问被称为"立即读"访问。

I_:P 访问是只读的，在程序中不能改写该输入点。I_:P 访问还受到硬件支持的输入长度的限制。用 I_:P 访问物理输入不会影响存储在输入映像寄存器中的对应值。

5. 物理输出

在输出点的地址后面附加 ":P"（例如 Q0.3:P），可以立即写 CPU、信号板和信号模块的数字量或模拟量输出。访问时使用 Q_:P 取代 Q 的区别在于前者的数字直接写给被访问的物理输出点，同时写给输出映像寄存器。这种访问被称为"立即写"，因为数据被立即写给目标点，不用等到下一次刷新时再将输出映像寄存器中的数据传送给目标点。

由于物理输出点直接控制与该点连接的现场设备，因此读物理输出点是被禁止的，即 Q_:P 访问是只写的。Q_:P 访问还受到硬件支持的输出长度的限制。用 Q_:P 访问物理输出同时影响物理输出点和存储在输出映像寄存器中的对应值。

6. 数据块存储区

数据块存储区（data block memory，DB）用来存储代码块使用的各种类型的数据。数据块分为全局数据块（global DB）和背景数据块（instance DB），如图 2-6 所示。全数据块存放的数据可以被所有的代码访问，而背景数据块的数据只能被指定的 FB 访问，其结构取决于 FB 的界面（Interface）区的参数。数据块中的数据具有保持性，在代码运行结束后不会被系统收回。

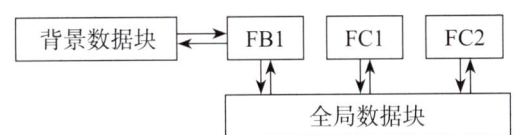

图 2-6　全局数据块与背景数据块

7. 临时存储区（L）

临时存储区（temporary memory）用来存放 FB 或 FC 运行过程中的临时变量，它只在 FB 或 FC 被调用的过程中有效，调用结束后该变量的存储区将被操作系统收回。临时数据存放区的数据是局部有效的，临时变量也称为局部变量。

2.1.3　系统存储器与时钟存储器

在 PLC 的"设备视图"中，通过 CPU 的"属性"选项卡可以设置系统存储器和时钟存储器，并可以修改系统储存器或时钟存储器的字节地址，如图 2-7 所示默认的系统存储器为 MB1，时钟存储器为 MB0。

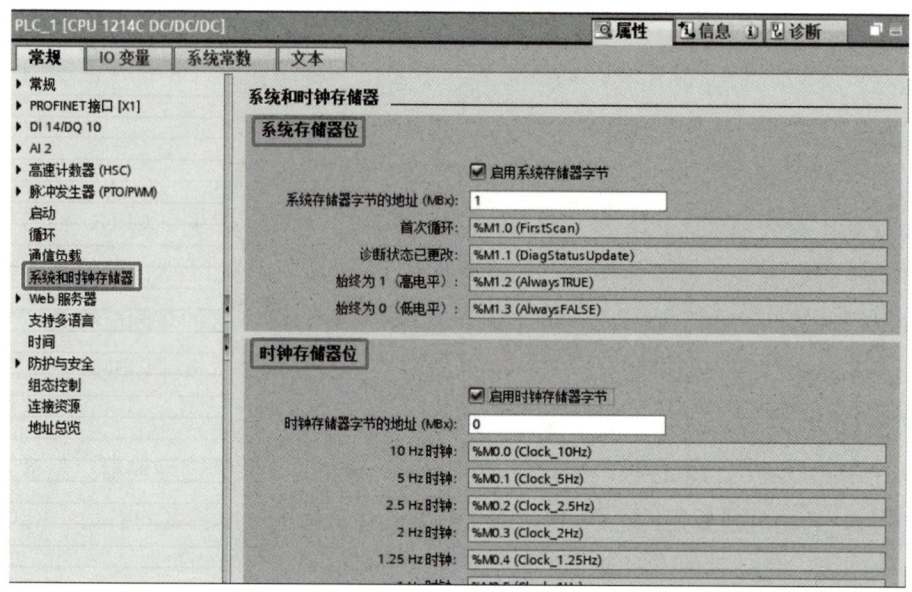

图 2-7　系统存储器和时钟存储器设置

系统存储器字节提供了 4 个位，用户程序可通过变量名称引用这 4 个位。

（1）M1.0（首次循环），默认变量名称为"FirstScan"，在启动组织块（OB）完成后的第一次扫描期间内，该位设置为 1。

（2）M1.1（诊断状态已更改），默认变量名称为"DiagStatusUpdate"，在 CPU 记录了诊断事件后的一个扫描周期内，该位设置为 1。

（3）M1.2（高电平），默认变量名称为"AlwaysTRUE"，该位始终设置为"1"。

（4）M1.3（低电平），默认变量名称为"AlwaysFALSE"，该位始终设置为"0"。

时钟存储器字节中的每一位都可生成方波脉冲。时钟存储器字节提供了 8 种不同的频率，其范围为 0.5（慢）～ 10 Hz（快）。这些位可作为控制位，在用户程序中周期性地触发动作。CPU 在从 STOP 模式切换到 STARTUP 模式时初始化该字节。时钟存储器的位在 STARTUP 和 RUN 模式下会随 CPU 时钟同步变化，其各位含义如表 2-2 所示。

表 2-2　时钟存储器字节各位对应的时钟周期与频率

位	7	6	5	4	3	2	1	0
周期 / s	2	1.6	1	0.8	0.5	0.4	0.2	0.1
频率 / Hz	0.5	0.625	1	1.25	2	2.5	5	10

2.2 触点与线圈指令

位逻辑指令处理的对象为二进制位信号,以数字1和0进行工作。位逻辑指令扫描信号状态为"1"和"0"。其中1表示"激活"或"能量激励",0表示"没有激活"或"能量没有激励"。逻辑运算结果存储在状态字的RLO中。

扫一扫

扫码查看
触点/线圈指令

S7-1200 PLC的位逻辑指令有17条。在项目树中选择"程序块"→"Main[OB1]"项,界面右侧出现"指令"栏,其中"基本指令"下的就是位逻辑指令。

2.2.1 常开与常闭触点指令

梯形图中的触点指令有常开触点和常闭触点两种,常闭触点中带"/"符号。当某存储器位得电,则与之对应的常开触点值为1,常开触点闭合;而与之对应的常闭触点值为0,常闭触点断开。反之,当存储器位失电,则与之对应的常开触点值为0,常开触点断开;而与之对应的常闭触点值为1,常闭触点闭合。常开、常闭触点指令的符号如图2-8所示。触点既可以串联也可以并联,同一个触点可以无限制使用。

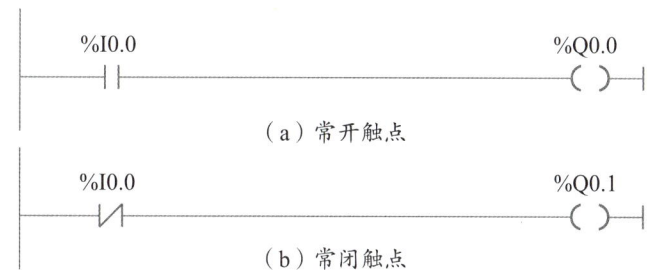

图 2-8 常开、常闭触点指令符号

2.2.2 取非触点指令

取非触点指令NOT用来改变能流的状态:能流到达取非触点指令时,能流就停止;能流未到达取非触点指令时,能流就通过。在梯形图中,取非触点指令的符号如图2-9所示。NOT触点用来转换能流输入的逻辑状态,如果没有能流流入NOT触点,则有能流流出;如果有能流流入NOT触点,则没有能流流出。

图 2-9 常开、常闭触点与取非触点指令的符号

2.2.3 输出线圈指令

线圈输出指令将线圈的状态写入指定的地址。线圈通电时写入 1 ，断电时写入 0 。如果是 Q 区的地址，则 CPU 将输出的值传送给对应的过程映像输出，如图 2-10 所示。

注意：线圈只能出现在触点的右边，不能出现在触点的左边。同一个程序中，一个线圈只能使用一次，且只能并联不能串联。

2.2.4 反相输出线圈指令

反相输出线圈中间有"/"符号，如图 2-10 所示。如果有能流流过反相输出线圈，则 M0.2 的输出位为 0 状态，其常开触点断开；如果没有能流流过反相输出线圈，则 M0.2 的输出位为 1 状态，其常开触点闭合，Q0.1 导通。

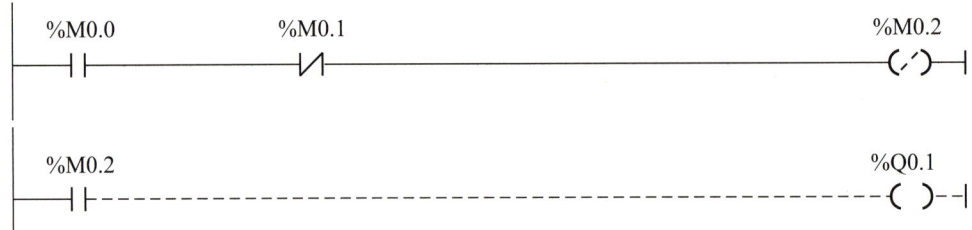

图 2-10　反相输出线圈指令的符号

【例】分析图 2-11 所示梯形图的控制功能。

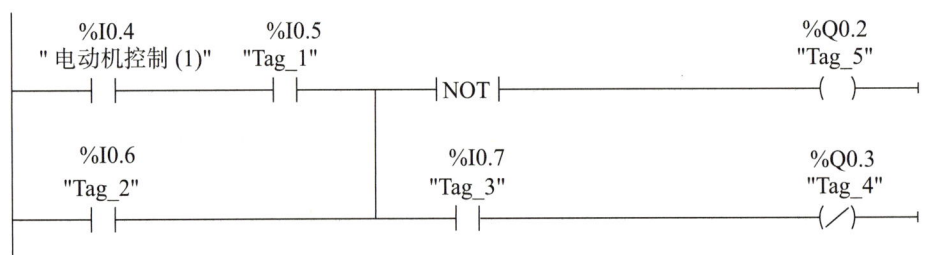

图 2-11　反相输出线圈与取非触点指令示例

解：当 I0.4 与 I0.5 的位信号状态为 1，或 I0.6 的位信号状态为 1 时，Q0.2 输出为 0 状态。反之，Q0.2 输出为 1 状态。

当 I0.4 与 I0.5 的信号状态为 1，或 I0.6 的信号状态为 1 同时 I0.7 的信号状态为 1 时，Q0.3 输出为 0 状态。反之，Q0.3 输出为 1 状态。

【例】某污水处理厂有多台三相异步电动机（额定电压 380 V，额定功率 5.5 kW，额定转速 1 380 r/min，额定频率 50 Hz），要求利用触摸屏按钮实现电动机的点动和连续控制。

扫一扫

扫码查看电动机
启停控制

解：触摸屏启动按钮分配地址为 M0.0，停止按钮地址为 M0.1，电动机输出交流接触线圈为 Q0.0。电动机的点动控制程序如图 2-12（a）所示，电动机启保停连续控制程序如图 2-12（b）所示。

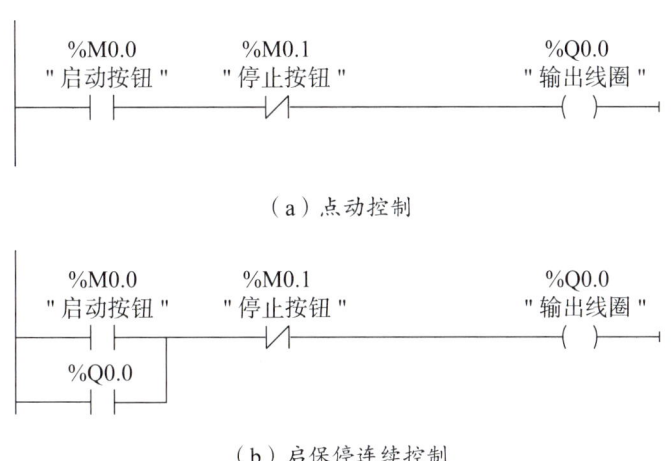

（a）点动控制

（b）启保停连续控制

图 2-12 电动机启停控制程序

按下启动按钮 SB，输出线圈得电，电动机启动运行。图 2-12（a）中，松开启动按钮后，电动机立即停止运行；图 2-12（b）中，松开启动按钮后，由于 Q0.0 线圈的保持，电动机继续运行，直至按下停止按钮，电动机停止运行。

任务实施 电动机正反转控制

1. 硬件设计

通过改变电动机三相绕组接入电源的相序，可实现电动机正反转的切换。如图 2-33 所示，KM1 按 L1-L2-L3 相序供电，KM2 按 L3-L2-L1 相序供电。设 KM1 主触点接通时电动机正转，则当 KM2 主触点接通时，电动机就实现反转。

扫一扫

扫码查看
电动机正反转控制

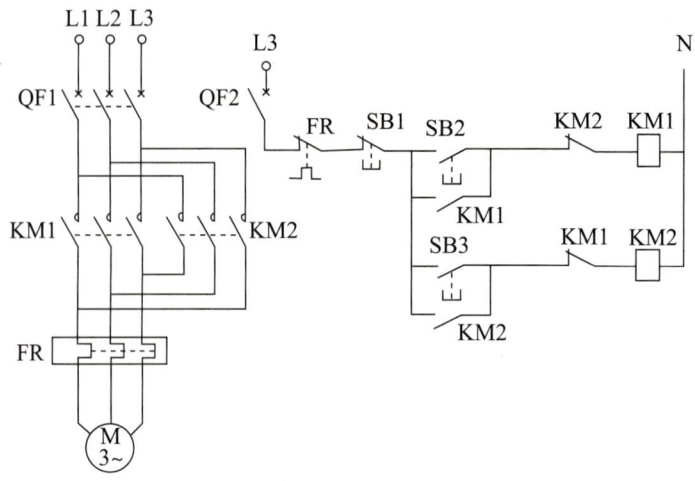

图 2-13　电动机正反转控制电路

在电动机的运转过程中，必须防止 KM1、KM2 同时接通而造成电源的相间短路。可在 KM1 和 KM2 两个接触器之间设置互锁，即一个动作时另一个不能动作。互锁主要用于控制电路中两路或多路输出时保证同一时间只有其中一路输出。

（1）电动机正转：

合上 QF1、QF2 → 按下正转启动按钮 SB2

　　　　　　→ 接触器 KM1 线圈通电

　　　　→ $\begin{cases} \text{KM1 主触点闭合 → 电动机接入正向电源 →M 正转} \\ \text{KM1 辅助常闭触点断开 →KM2 线圈不能得电} \end{cases}$

（2）电动机停止正转：

　　　　　　按下停止按钮 SB1→KM1 线圈断电 →M 停止正转

（3）电动机反转：

合上 QF1、QF2 → 按下反转启动按钮 SB3

　　　　　　→ 接触器 KM2 线圈通电

　　　　→ $\begin{cases} \text{KM2 主触点闭合 → 电动机接入反向电源 →M 反转} \\ \text{KM2 辅助常闭触点断开 →KM1 线圈不能得电} \end{cases}$

（4）电动机停止反转：

　　　　　　按下停止按钮 SB1→KM2 线圈断电 →M 停止反转

互锁控制规律：当要求 A 接触器工作时 B 接触器不能工作，应在 B 接触器的线圈电路中串入 A 接触器的常闭触点；当要求 A 接触器工作时 B 接触器不能工作，且 B 接触器工作时 A 接触器不能工作，应在两个接触器的线圈电路中互串入对方的常闭触点。

2. I/O 硬件接线

在控制回路中，热继电器常闭触点、停止按钮、正转按钮和反转按钮作为 PLC 的输入量；接触器线圈属于被控对象，作为 PLC 的输出量。电动机正反转的 I/O 点分配如表 2-3 所示。I/O 硬件接线如图 2-14 所示。

表 2-3　I/O 点分配

输入		输出	
输入继电器	输入元件	输出继电器	输出元件
I0.0	正转启动按钮 SB1	Q0.0	正转输出线圈
I0.1	反转启动按钮 SB2	Q0.1	反转输出线圈
I0.2	停止按钮 SB3		

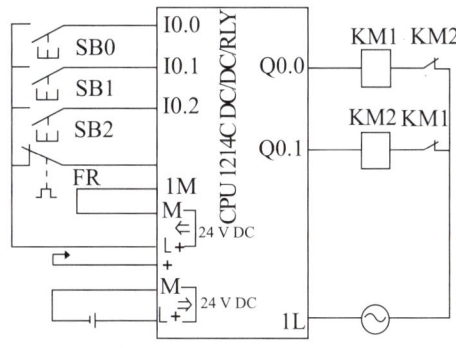

图 2-14　电动机正反转 PLC 控制的 I/O 接线

3. 梯形图设计

基于基本启保停法的电动机的正反转控制梯形图初步程序如图 2-15 所示。

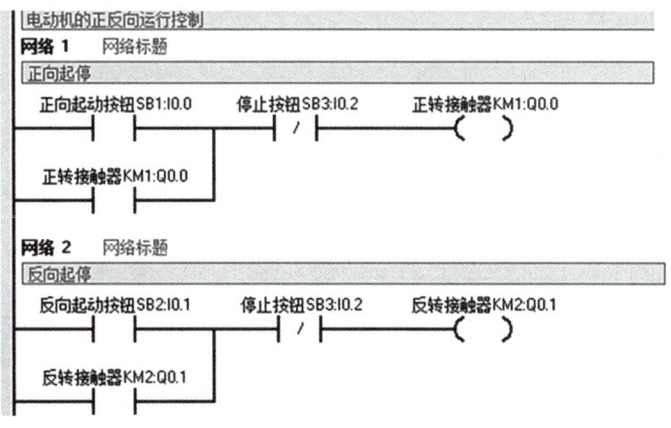

图 2-15　电动机的正反转控制梯形图初步程序

基于软件互锁的电动机的正反转控制梯形图程序如图 2-16 所示。

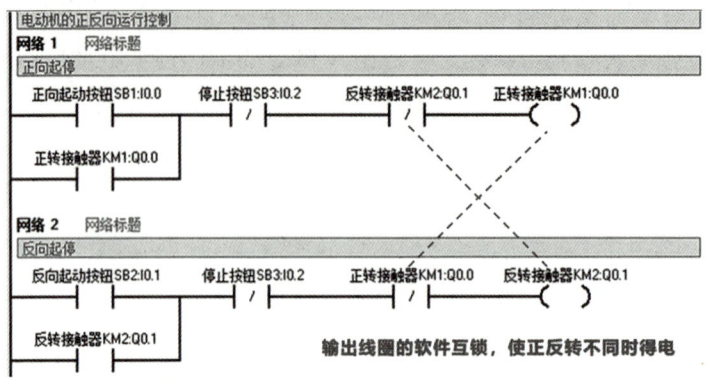

图 2-16　基于软件互锁的电动机的正反转控制梯形图程序

可将输出部分的接触器 KM1 的辅助常闭触点串联到接触器 KM2 的后方，接触器 KM2 的辅助常闭触点串联到接触器 KM1 的后方。输入部分的按钮 SB1 的常闭触点接入 SB2 后方，按钮 SB2 的常闭触点接入 SB1 后方，构成软件的双重互锁。基于软件双互锁的电动机正反转控制梯形图程序如图 2-17 所示。

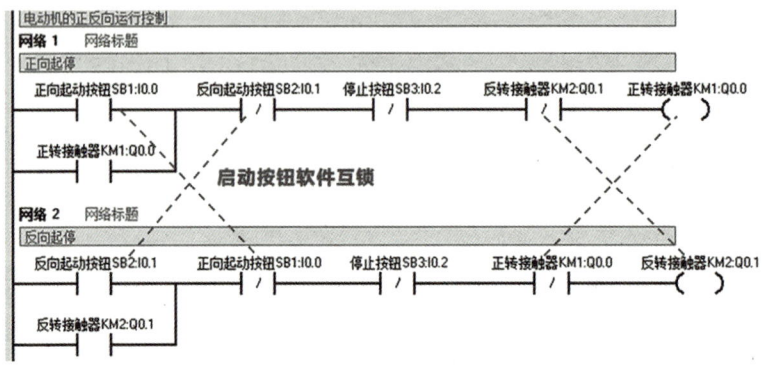

图 2-17　基于软件双互锁的电动机正反转控制梯形图程序

任务拓展　1 台电动机的多地控制

在两个或两个以上地点，实行对一台电动机的控制（操作），常称"多点控制"。电动机的多地控制电路是很多工厂都会应用的一种工作状态。

任务要求：操作人员能够在不同的三地 A、B、C 对

扫一扫

扫码查看一台电动机的
多地启停控制

三相异步电动机 M 进行启动、停止控制。当按下电动机三地的启动按钮 SB1、SB2 或 SB3 时，电动机 M 启动运转；当按下三地的停止按钮 SB4、SB5 或 SB6 时，电动机 M 停止运转。

任务分析：

按下 A、B、C 三地（任一）启动按钮 →KM 线圈得电吸合 → 其常开辅助触头闭合自锁 → 其主触头闭合接通电动机主回路 → 电动机 M 运转

按下 A、B、C 三地（任一）停止按钮 →KM 线圈失电释放 → 其常开辅助自锁触头断开自锁回路 → 其主触头释放断开电动机主回路 → 电动机 M 停止运转

要实现多点控制，电路连接的要诀是：启动按钮并联，停止按钮串联。

（1）确定 I/O 端口分配，如表 2-4 所示。绘制 I/O 接线图并正确接线，如图 2-18 所示。

表 2-4　I/O 端口分配

类别	元件	I/O 点编号	备注
输入	SB1	I0.0	A 地启动按钮，常开触点
	SB2	I0.1	B 地启动按钮，常开触点
	SB3	I0.2	C 地启动按钮，常开触点
	SB4	I0.3	A 地停止按钮，常开触点
	SB5	I0.4	B 地停止按钮，常开触点
	SB6	I0.5	C 地停止按钮，常开触点
输出	KM	Q0.2	接触器线圈

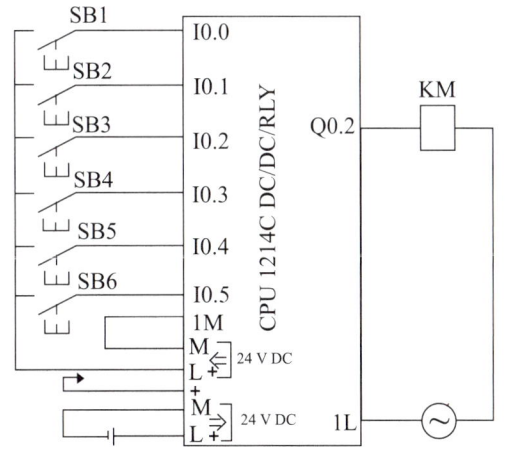

图 2-18　电动机三地 PLC 控制电路的接线

（2）绘制梯形图，对三相异步电动机进行三地控制的 PLC 控制梯形图如图 2-19 所示。

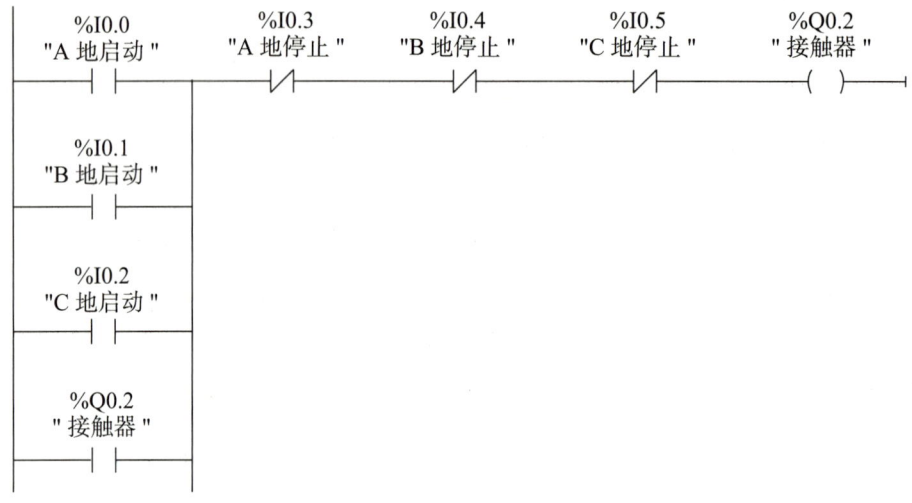

图 2-19　电动机三地控制的 PLC 控制梯形图

任务评价反馈单

学生任务分配实施单

任务名称		电动机正反转控制		
班级		组号		指导教师
组长		学号		
组员	姓名		学号	
	姓名		学号	
	姓名		学号	
	姓名		学号	

分工（就组织讨论、工具准备、数据采集记录、安全监督、成果展示等工作内容进行任务分工）

实施步骤

（1）打开博途软件，亲身实践，编写控制程序。

（2）将程序下载到电脑端博途软件，进行仿真调试，观察并描述实验效果。

经验记录单

任务名称	电动机正反转控制			
班级		姓名		指导教师
组长		组号		

总结与经验

实验过程中，出现了哪些问题？你是如何解决的？

问题 1：

解决方法：

问题 2：

解决方法：

问题 3：

解决方法：

各小组互评打分表

姓名		学号		班级		组别	
实训任务				电动机正反转控制			

评价项目	分值	等级				评价对象（组别）							
		A	B	C	D	1	2	3	4	5	6	7	8
方案合理	20	20	15	10	5								
团队合作	20	20	15	10	5								
工作质量	20	20	15	10	5								
工作规范	20	20	15	10	5								
PPT/演示展示	20	20	15	10	5								
合计	100	各组得分											

总结与反思
（如：任务实施过程中遇到了什么问题→如何解决/解决不了的原因→心得体会）

教师评价打分表

姓名			学号		班级		组别	
实训任务			电动机正反转控制					
评价项目			**评价标准**				**分值**	**得分**
考勤（10%）			无迟到、早退和旷课的现象				10	
工作过程（60%）	知识目标	获取信息	掌握工作相关知识				10	
		进行表决	制订工作方案，方案合理可行				10	
	技能目标	任务实施	能够熟练操作博途软件				5	
			能够利用博途软件完成程序的编写与调试				5	
			能够利用博途软件进行程序的仿真与监控				5	
			软硬件结合，完成任务的控制与讲解演示				5	
	素养目标	工作态度	认真严谨、积极主动、安全生产、文明施工				5	
		团队合作	与小组成员、同学之间合作交流、协作工作				5	
		工作质量	按照工作方案操作，按计划完成工作任务				10	
项目成果（30%）		工作完整	能按时完成工作任务的所有环节				10	
		工作规范	实训过程中规范操作，避免意外事故的发生				10	
		汇报展示	能准确表达、汇报工作成果				10	
合计							100	
综合评价			学生评价（50%）		教师评价（50%）		综合得分	

（作业过程中存在的问题及改进建议）

综合评语

任务 2-2　多台降温风机控制

任务描述

　　在工业现场中，风机控制广泛应用于工厂车间、矿山、电力等场合。它对于维持良好的工作环境至关重要，可及时降低温度、排出有害气体和粉尘等，确保设备正常运行，提高生产效率，保障工作人员的健康与安全。

　　在某工业设备中，为实现散热降温目的，安装有三台风机。通过 PLC 对这三台风机的运行状态进行监测与控制，以确保设备的正常运行温度。根据风机运行状态，控制指示灯以特定的频率闪烁或保持常亮、熄灭状态：当设备处于运行状态且三台风机正常转动时，指示灯常亮；当有两台风机转动时，指示灯以 2 Hz 的频率闪烁；当仅有一台风机转动时，指示灯以 0.5 Hz 的频率闪烁；当没有任何风机转动时，指示灯不亮。

任务分析

　　在工业设备的风机控制任务中，PLC 起着关键作用。首先，通过对三台风机运行状态的监测，能实时了解设备的散热情况。当三台风机全部正常转动时，指示灯常亮，表明设备散热良好，处于最佳运行状态；当两台风机转动时，指示灯以 2 Hz 频率闪烁，提示虽非最佳状态但仍能满足一定的散热需求；而当只有一台风机转动时，以 0.5 Hz 闪烁的指示灯提醒工作人员设备散热能力大幅下降，需及时检查维护；若没有风机转动，则指示灯不亮，意味着设备面临严重的散热问题，可能会影响正常运行温度，甚至损坏设备。利用 PLC 精准控制指示灯状态，可让工作人员直观地了解设备散热情况，及时采取相应措施，确保设备的稳定运行和使用寿命。

2.3 置位 / 复位指令

2.3.1 执行置位 / 复位指令

执行置位指令时，指令操作数（bit）指定的地址被置位为 1 且保持，置位后即使能流中断，仍保持置位为 1 状态；执行复位指令时，指令操作数（bit）指定的地址被复位为 0 且保持，复位后即使能流中断，仍保持复位。由于 CPU 的周期顺序扫描工作方式，因此程序中写在后面的指令有优先权。置位和复位指令的符号如图 2-20 所示。

扫一扫

扫码查看
置位 / 复位指令

"OUT"   "OUT"

—(S)—   —(R)—

（a）置位指令   （b）复位指令

图 2-20　置位和复位指令的符号

如图 2-21 所示的梯形图，当输入 I0.4 的信号状态由 0 变为 1 时，输出 Q0.5 瞬间被置位为 1，且保持为 1（即使 I0.4 的信号状态已由 1 变为 0，Q0.5 的状态仍保持不变）。当输入 I0.5 的信号状态由 0 变为 1 时，输出 Q0.5 瞬间被复位为 0。在该电路中，I0.4 相当于启动且保持按钮，I0.5 相当于停止按钮。

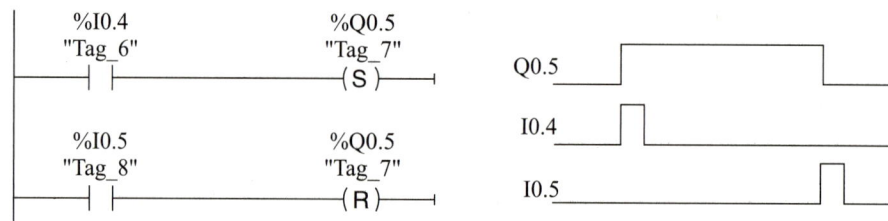

图 2-21　置位 / 复位指令示例及时序图

2.3.2 多点置位 / 复位指令

执行多点置位指令时，从指令操作数（bit）指定地址开始的 n 个点都被置位为 1 且保持，置位后即使能流中断，仍保持置位；执行多点复位指令时，从指令操作数（bit）指定地址开始的 n 个点都被复位为 0 且保持，复位后即使能流中断，仍保持复位。多点置位和复位指令符号如图 2-22 所示。

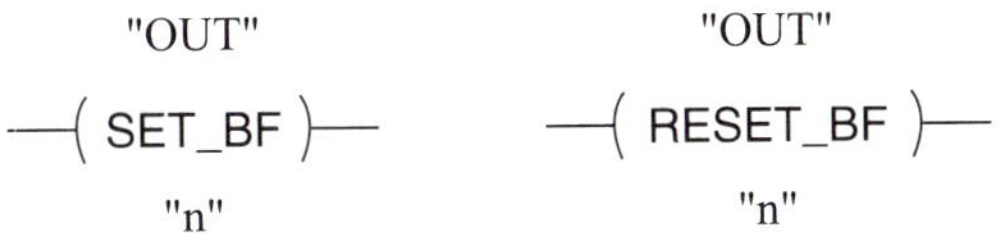

"OUT"   "OUT"

—(SET_BF)—   —(RESET_BF)—

"n"   "n"

（a）置位指令   （b）复位指令

图 2-22　多点置位和复位指令的符号

【例】如图 2-23 所示的梯形图，让输入 I0.0 的信号状态由 0 变为 1 再变为 0，再让输入 I0.1 的信号状态做同样变化，观察 Q0.2、Q0.3、Q0.4 的变化情况。

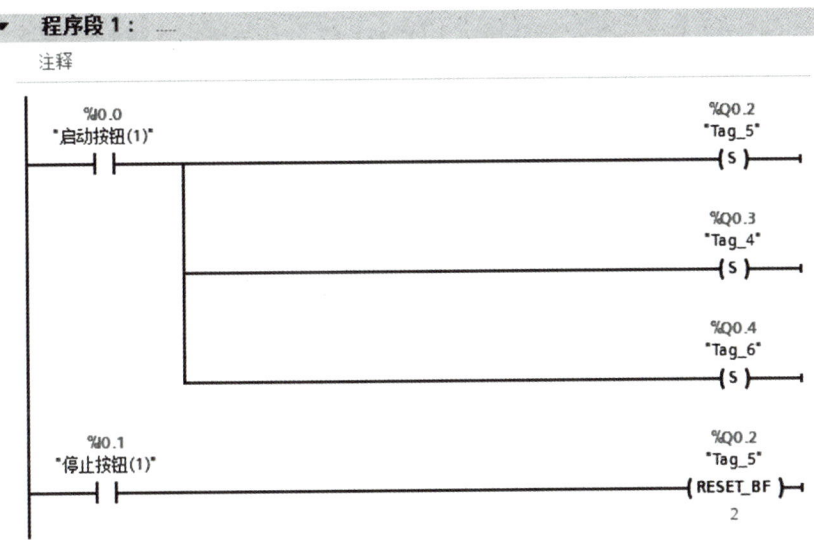

图 2-23　多点置位 / 复位指令示例

2.3.3　置位 / 复位优先触发器

RS 是置位优先触发器，如果置位（S1）和复位（R）信号都为 1，则输出地址 OUT 将为 1；SR 是复位优先触发器，如果置位（S）和复位（R1）信号都为 1，则输出地址 OUT 将为 0。置位 / 复位优先触发器指令的符号如图 2-24 所示，其参数含义如表 2-5 所示，RS 与 SR 触发器的功能如表 2-6 所示。

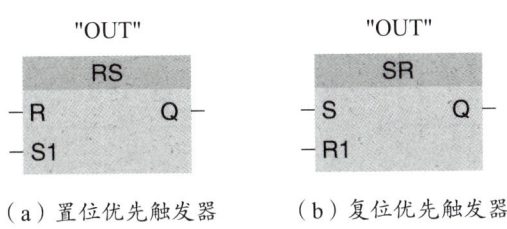

（a）置位优先触发器　　（b）复位优先触发器

图 2-24　置位 / 复位优先触发器指令的符号

表 2-5　置位 / 复位优先触发器参数含义

参数	数据类型	说明
S、S1	BOOL	置位输入：S1 表示优先
R、R1	BOOL	复位输入：R1 表示优先
OUT	BOOL	分配的位输出 "OUT"
Q	BOOL	遵循 "OUT"

表 2-6　RS 与 SR 触发器的功能

指令	S1	R	输出
RS 置位优先	0	0	先前状态
	0	1	0
	1	0	1
	1	1	1
指令	**S**	**R1**	**输出**
SR 复位优先	0	0	先前状态
	0	1	0
	1	0	1
	1	1	0

【例】如图 2-25 程序段 1 所示的梯形图，当输入 I0.6 和 I0.7 的信号同时为 1 时，观察 Q0.2 是否有输出；程序段 2 所示的梯形图，当输入 I1.6 和 I1.7 的信号同时为 1 时，观察 Q0.3 是否有输出。这两者的区别在哪里？

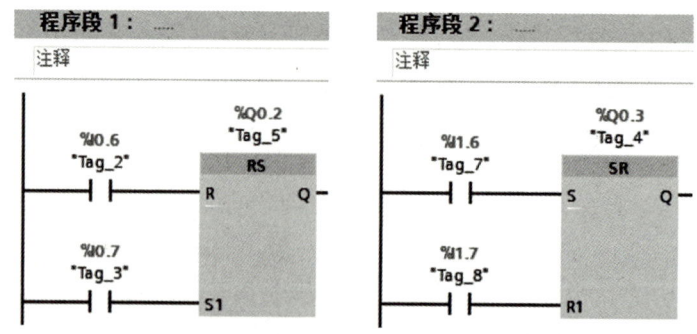

图 2-25　置位优先触发器与复位优先触发器示例

电动机典型起保停控制电路可用置位 / 复位指令和复位优先触发器指令两种方

法来实现。

方法一：用置位/复位指令实现典型起保停电路，程序如图 2-26 所示。

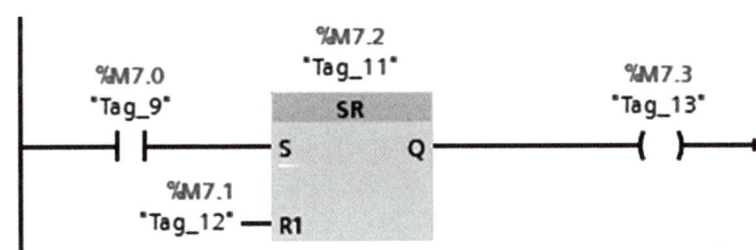

图 2-26　基于置位/复位指令的起保停程序

方法二：用复位优先触发器指令实现典型起保停电路，程序如图 2-27 所示。

图 2-27　基于复位优先触发器指令的起保停程序

2.4　上升沿/下降沿指令

2.4.1　边沿检测触点指令

P 触点、N 触点指令如图 2-28 所示，其中 bit 处为 BOOL 型变量，上升沿/下降沿指令就是要检测该变量的跳变沿。M_bit 处为 BOOL 型变量，用于保存前一个输入状态的存储器位。当 P 触点指令检测到 bit 处的位数据值由 0 变 1 的正跳变时，该触点接通一个扫描周期；当 N 触点指令检测到 bit 处的位数据值由 1 变 0 的负跳变时，该触点接通一个扫描周期。

扫一扫

扫码查看
上升沿/下降沿指令

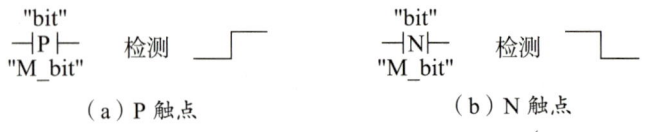

（a）P 触点 　　　　　　　（b）N 触点

图 2-28　边沿检测触点指令的符号

【例】根据图 2-29（a）所示时序图设计程序，实现按下 I0.0 使 Q0.0 得电且保持。程序设计如图 2-29（b）和图 2-29（c）所示。

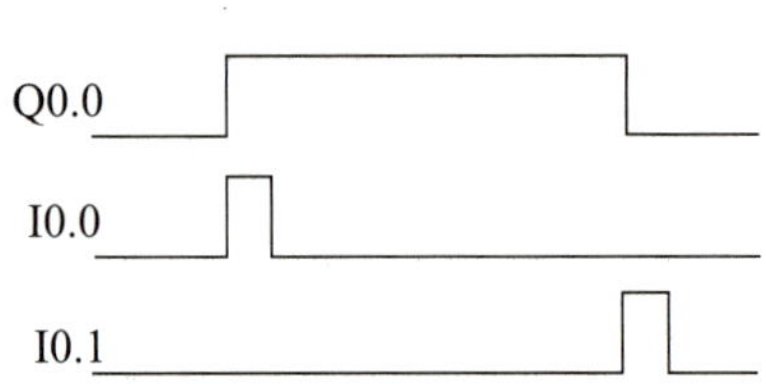

（a）控制时序图 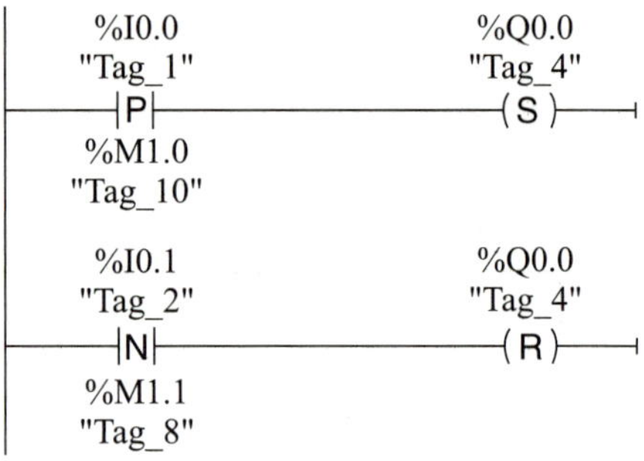 　　　　　　　（b）程序设计方法一

（c）程序设计方法二

图 2-29　边沿检测触点指令示例

在图 2-29（b）所示的梯形图中，当输入 I0.0 的信号状态由 0 变为 1 时，Q0.0

被置位并保持；当输入 I0.1 的信号由 1 变为 0 时，Q0.0 被复位。在图 2-29（c）所示的梯形图中，当输入 I0.6 的信号状态由 0 变为 1 时，Q0.1 被置位并保持；当输入 I0.7 的信号由 1 变为 0 时，Q0.1 被复位。

【例】设计单按钮启停电动机控制，即按一下按钮 I0.6，Q1.0 接通，再按一下 I0.6，Q1.0 断开，如此反复。程序设计如图 2-30 所示。

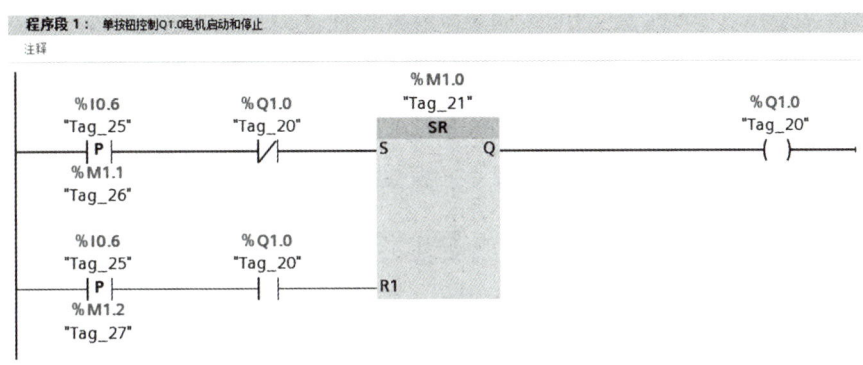

图 2-30　单按钮启停电动机控制

2.4.2　边沿检测线圈指令

P 线圈、N 线圈指令如图 2-31 所示，其中 bit 处为 BOOL 型变量，指示检测到跳变沿的输出位。M_bit 处为 BOOL 型变量，用于保存前一个输入状态的存储器位。当 P 线圈指令检测到它前面的逻辑状态由 0 变 1 的正跳变时，将 bit 处的位数据值在一个扫描周期内设置为 1；当 N 线圈指令检测到它前面的逻辑状态由 1 变 0 的负跳变时，将 bit 处的位数据值在一个扫描周期内设置为 1。两条线圈指令对能流是畅通无阻的，这两条指令可以放置在程序段的中间或最右边。

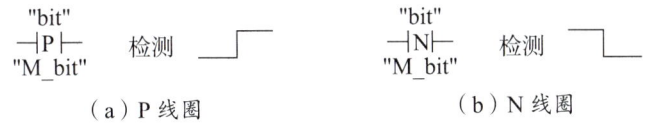

（a）P 线圈　　　　　　（b）N 线圈

图 2-31　边沿检测线圈指令

【例】根据图 2-32 时序图设计程序，实现单按钮启停控制两台电动机。程序设计如图 2-33 所示。

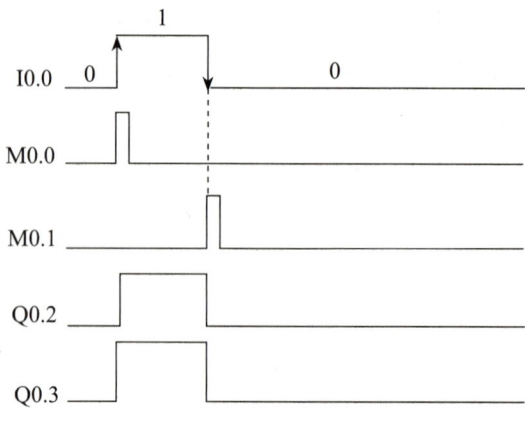

图 2-32　单按钮启停控制两台电动机时序图

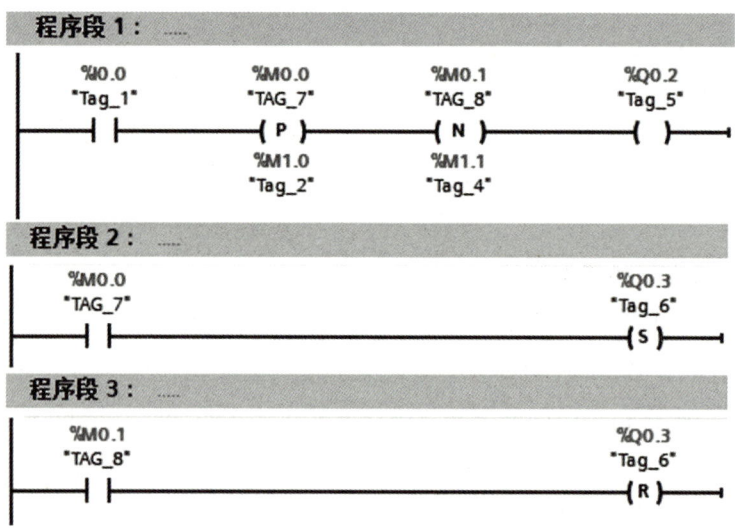

图 2-33 单按钮启停控制两台电动机程序

　　在图 2-33 所示的梯形图中，P 线圈指令是"在信号上升沿置位操作数"指令，仅在流进该线圈能流的上升沿，该指令的输出位 M0.0 为 1 状态（一个扫描周期），其他情况下 M0.0 均为 0 状态（M1.0 为保存 P 线圈输入端的 RLO 的边沿存储位）；N 线圈指令是"在信号下降沿置位操作数"指令，仅在流进该线圈能流的下降沿，该指令的输出位 M0.1 为 1 状态（一个扫描周期），其他情况下 M0.1 均为 0 状态（M1.1 为边沿存储位）。

　　当 I0.0 的状态由 0 变为 1，I0.0 的常开触点闭合，能流经 P 线圈和 N 线圈流过 Q0.2 的线圈，使 Q0.2 置位。在 I0.0 的上升沿，M0.0 的常开触点闭合一个扫描周期，使 Q0.3 置位。

当 I0.0 的状态由 1 变为 0，能流断开，Q0.2 复位；同时，在 I0.0 的下降沿，M0.1 的常开触点闭合一个扫描周期，使 Q0.3 复位。

2.4.3　P_TRIG 指令与 N_TRIG 指令

P 触发器（P_TRIG）、N 触发器（N_TRIG）指令如图 2-34 所示，其中 M_bit 处为 BOOL 型变量，用于保存前一个输入状态的存储器位。当 P 触发器指令检测到 CLK 输入的逻辑状态由 0 变 1 的正跳变时，在一个扫描周期内 Q 输出为 1；当 N 触发器指令检测到 CLK 输入的逻辑状态由 1 变 0 的负跳变时，在一个扫描周期内 Q 输出为 1。P 触发器、N 触发器指令只能放在中间，不能放置在程序段的开头或结尾。

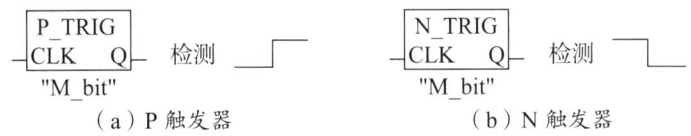

（a）P 触发器　　　　　　　　　（b）N 触发器

图 2-34　P_TRIG 指令与 N_TRIG 指令的符号

【例】分析图 2-35 所示的 P 触发器、N 触发器指令。

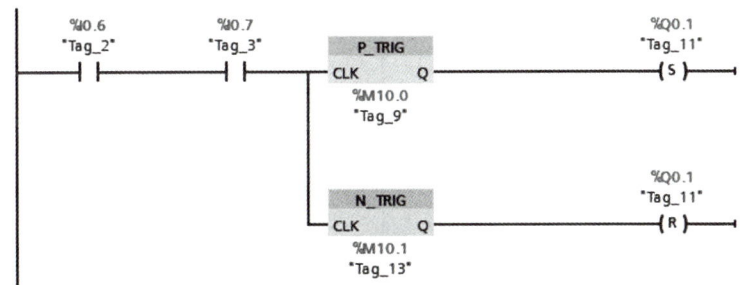

图 2-35　P 触发器 /N 触发器指令举例

在流经 P_TRIG 指令的 CLK 输入端能流的上升沿，Q 端输出一个扫描周期的能流，使 Q0.1 置位。指令框下面的 M10.0 为脉冲存储位。在流进 N_TRIG 指令的 CLK 输入端能流的下降沿，Q 端输出一个扫描周期的能流，使 Q0.1 复位。指令框下面的 M10.1 为脉冲存储位。

任务实施　多台降温风机控制

某设备有三台风机散热降温，当设备处于运行状态时，三台风机均正常转动，则指示灯常亮；如果仅有两台风机转动，则指示灯以 2 Hz 的频率闪烁；如果仅有一台风机转动,则指示灯以 0.5 Hz 的频率闪烁;如果没有任何风机转动,则指示灯不亮。

1. I/O 地址分配表

风机控制的 I/O 地址分配如表 2-7 所示。

表 2-7　风机控制 I/O 分配表

输入		输出	
PLC 地址	说明	PLC 地址	说明
I0.0	1# 风机反馈信号	M100.3	2 Hz 脉冲信号
I0.1	2# 风机反馈信号	M100.7	0.5 Hz 脉冲信号
I0.2	3# 风机反馈信号	Q0.0	风机工作状态指示灯

2. PLC 硬件接线图

风机控制的 PLC 硬件接线如图 2-36 所示。

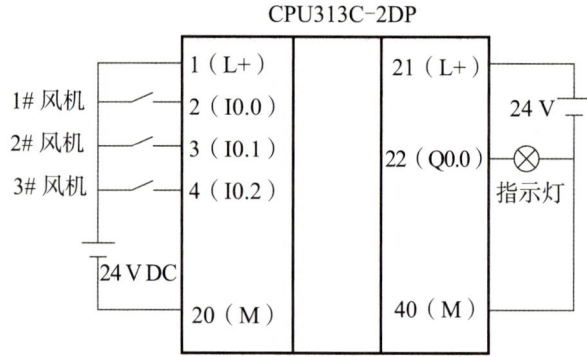

图 2-36　风机控制的 PLC 硬件接线图

3. 软件设计

1）设置系统存储器字节与时钟存储器字节

打开该 PLC 的设备视图。选中 CPU 后,再选择下面的巡视窗口中"属性"→"常规"→"系统和时钟存储器",如图 2-37 所示,用复选框分别"启用系统存储器字节"（默认地址为 MB1）和"启用时钟存储器字节"（默认地址为 MB0）,并设置它们的地址值为 MB1 和 MB100。

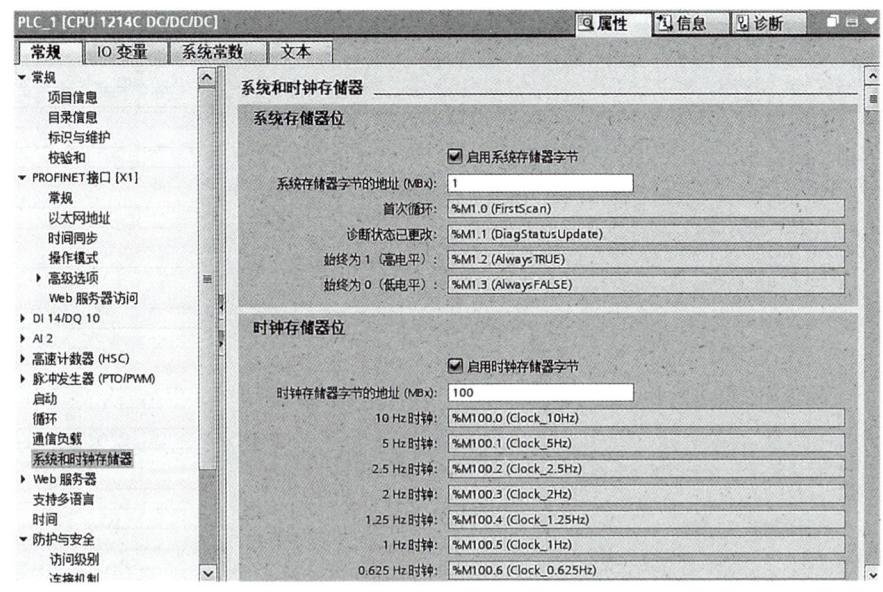

图 2-37　系统和时钟存储器

将 MB1 设置为系统存储器字节后，该字节 M 1.0 ～ M 1.3 的意义如下。

M 1.0（首次循环）：仅在刚进入 RI N 模式的首次扫描时为 TURE（1 状态），以后为 FALSE（0 状态）。在博途软件中，位编程元件的 1 状态和 0 状态分别用 TRUE 和 FALSE 来表示。

M 1.1（诊断状态已更改）：诊断状态发生变化。

M 1.2（始终为 1）：总是为 TRUE，其常开触点总是闭合。

M 1.3（始终为 0）：总是为 FALSE，其常闭触点总是闭合。

时钟存储器字节各位的周期与频率如表 2-8 所示。

表 2-8　时钟存储器各位的周期与频率

位	7	6	5	4	6	5	1	0
周期 /s	2	1.6	1	0.8	0.5	0.4	0.2	0.1
频率 /Hz	0.5	0.625	1	1.25	2	2.5	5	10

2）梯形图程序

风机控制的梯形图程序如图 2-38 所示。

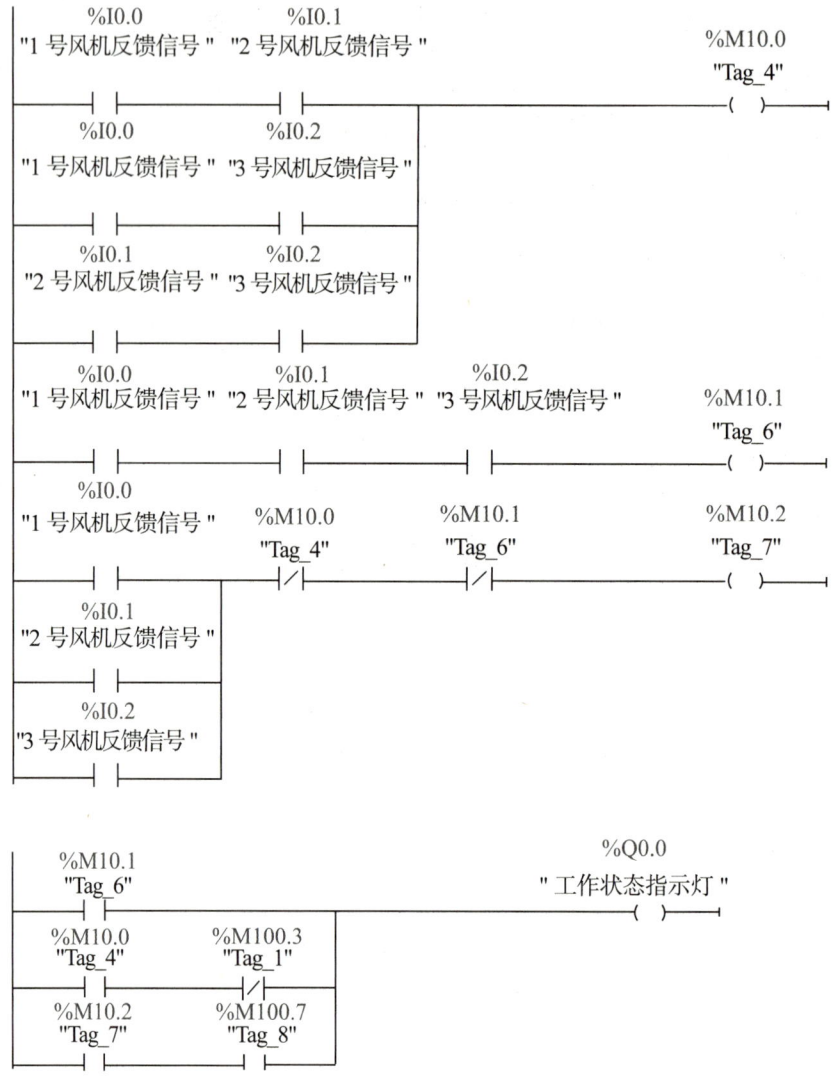

图 2-38　风机控制的梯形图程序

3. 仿真调试

在 SIM 仿真环境下，风机控制仿真调试界面如图 2-39 所示。

		名称	地址	显示格式	监视/修改值	位	一致修改	
		"1号风机反馈...	%I0.0:P	布尔型	TRUE		☑ FALSE	☐
		"2号风机反...	%I0.1:P	布尔型	TRUE		☑ FALSE	☐
		"3号风机反馈...	%I0.2:P	布尔型	FALSE		☐ FALSE	☐
		"Tag_1"	%M100.3	布尔型	FALSE		☐ FALSE	☐
		"Tag_8"	%M100.7	布尔型	FALSE		☐ FALSE	☐
		"工作状态指示...	%Q0.0	布尔型	TRUE		☑ FALSE	☐

图 2-39　风机控制仿真调试界面

在仿真项目视图的 SIM 变量表中，单击 I0.0，则 Q0.0 指示灯会以 0.5 Hz 频率闪烁；单击 I0.0 和 I0.1，则 Q0.0 指示灯会以 2 Hz 频率闪烁；单击 I0.0 、I0.1 和 I0.2，则 Q0.0 指示灯会常亮。满足控制要求。

安全　钟长鸣，细节决定成败

2018 年印度一家工厂发生了严重的安全事故。

这家工厂在生产过程中，电气接线存在的故障未被及时发现和处理。长期的电线磨损、接头松动以及不规范的布线，导致局部过热并最终引发火灾。工厂内的消防设施也因维护不善未能在关键时刻发挥作用，火势迅速蔓延，造成了重大的财产损失和人员伤亡。

事故发生后调查发现，工厂在日常生产中对电气系统的检查和维护流于形式，没有严格按照安全规范操作。员工缺乏对电气安全隐患的认识，未能及时报告潜在问题。此次事故给整个工业领域敲响了警钟，提醒人们必须高度重视电气接线等细节问题，严格执行安全规范，加强日常检查和维护，以防止类似的悲剧再次发生。

学生任务分配实施单

任务名称	多台降温风机控制			
班级		组号		指导教师
组长		学号		
组员	姓名		学号	
	姓名		学号	
	姓名		学号	
	姓名		学号	

分工（就组织讨论、工具准备、数据记录、安全监督、成果展示等工作内容进行任务分工）

实施步骤

（1）编写多台降温风机控制程序。

（2）将多台降温风机控制程序下载到电脑的博途软件，进行仿真调试，观察并描述实验效果。

经验记录单

任务名称	多台降温风机控制			
班级		姓名		指导教师
组长		组号		
总结与经验				

实验过程中，出现了哪些问题？你是如何解决的？

问题 1：

解决方法：

问题 2：

解决方法：

问题 3：

解决方法：

各小组互评打分表

姓名		学号		班级			组别		
实训任务			多台降温风机控制						
评价项目	分值	等级				评价对象（组别）			
		A	B	C	D	1	2	3	4	5	6	7	8
方案合理	20	20	15	10	5								
团队合作	20	20	15	10	5								
工作质量	20	20	15	10	5								
工作规范	20	20	15	10	5								
PPT/演示展示	20	20	15	10	5								
合计	100	各组得分											

总结与反思

（如：任务实施过程中遇到了什么问题→如何解决／解决不了的原因→心得体会）

教师评价打分表

姓名				学号		班级		组别	
实训任务				多台降温风机控制					
评价项目				评价标准				分值	得分
考勤（10%）				无迟到、早退和旷课的现象				10	
工作过程（60%）	知识目标	获取信息		掌握工作相关知识				10	
		进行表决		制订工作方案，方案合理可行				10	
	技能目标	任务实施		能够熟练操作博途软件				5	
				能够利用博途软件完成程序的编写与调试				5	
				能够利用博途软件完成程序的仿真与监控				5	
				软硬件结合，完成任务的控制与讲解演示				5	
	素养目标	工作态度		认真严谨、积极主动、安全生产、文明施工				5	
		团队合作		与小组成员、同学之间合作交流、协作工作				5	
		工作质量		按照工作方案操作，按计划完成工作任务				10	
项目成果（30%）	工作完整			能按时完成工作任务的所有环节				10	
	工作规范			实训过程中规范操作，避免意外事故的发生				10	
	汇报展示			能准确表达、汇报工作成果				10	
合计								100	
综合评价			学生评价（50%）		教师评价（50%）			综合得分	
综合评语			（作业过程中存在的问题及改进建议）						

项目 3 定时 / 计数指令应用

项目导入

计数器和定时器指令是控制过程中常用的指令，几乎所有的控制系统，进行程序设计时都会用到计数器和定时器指令。计数器和定时器同时也是 PLC 的重要资源之一。但由于单个定时器、计数器资源有限，因此在实际应用中，定时器和计数器常常有"强强联合"形式的搭配性应用。

学习目标

（1）能够正确分配 I/O 点，并正确接线；

（2）掌握软元件定时器的基本用法，能够根据要求选择不同定时器并正确应用；

（3）熟悉 PLC 的计数器指令格式及其功能，能够将其应用于记录小车自动往返的次数。

任务 3-1　电动机星三角降压启动

任务描述

　　三相异步电动机启动瞬间通常数秒钟，一般也就 1～3 s，瞬间电流是运行时稳态数值的 5～7 倍。这样电动机功率如果比较大，则启动电流会严重影响周围负载正常工作。例如，5 kW 以上电动机如果直接启动，则其周围的灯具会瞬间变暗。为了不影响周围其他负载正常工作，通常 5 kW 以上电动机采用星三角（Y-△）降压等启动方式。要求电动机起动时，把定子绕组接成星形（Y），以降低起动电压，减小起动电流；待电动机起动后，过 5 s，再把定子绕组改接成三角形（△），使电动机全压运行。

　　定时器和计数器在计算机系统中，尤其是工业控制系统中有着重要的作用，本任务中就将用到定时 / 计数器。定时器和计数器的差别仅限于用途不同。定时器从本质上来讲其实就是一个计数器，每收到一个脉冲，计数器就加 / 减 1，如果脉冲的周期固定，那么脉冲数和时间成正比，这样就可以根据脉冲的固定周期将计数器作为定时器使用。

任务分析

　　星三角降压启动，就是电动机的三相绕组本来是三角形连接的，在启动瞬间临时改接为星形。绕组还是那三个绕组，绕组电阻及电感都不变，仅仅由三角形连接改为星形连接，相当于阻抗增加为正常时的 3 倍，启动电流就降低为直接启动时的 1/3，也相当于降低了每个绕组电压，将每个绕组电压由 380 V 降低为 220 V，所以通常叫做星三角降压启动。

知识链接

　　S7-1200 PLC 的定时器有 4 种：脉冲定时器（TP）、接通延时定时器（TON）、断开延时定时器（TOF）和保持型接通延时定时器（TONR），如表 3-1 所示。

扫一扫

扫码查看
定时器指令及应用

表 3-1　PLC 的定时器功能比较

类　型	功能描述
脉冲定时器（TP）	脉冲定时器可生成具有预设宽度时间的脉冲
接通延时定时器（TON）	接通延时定时器输出 Q 在预设的延时过后设置为 ON
断开延时定时器（TOF）	断开延时定时器输出 Q 在预设的延时过后设置为 OFF
保持型接通延时定时器（TONR）	保持型接通延时定时器输出在预设的延时过后设置为 ON

定时器的参数如表 3-2 所示。

表 3-2　定时器的参数

参数	数据类型	说明
IN	BOOL	启用定时器输入
R	BOOL	将 TONR 经过的时间重置为零
PT（Preset Time）	Time	预设的时间值
Q	BOOL	定时器输出
ET（Elapsed Time）	Time	经过的时间当前值
定时器数据块	DB	指定要使用 RT 指令复位的定时器

定时器指令的 IN 为输入使能端，为定时器的启动信号。IN 从 0 状态跳变到 1 状态时，接通延时定时器（TON）启动定时，脉冲定时器（TP）、保持型接通延时定时器（TONR）启动定时；IN 从 1 状态变为 0 状态时，断开延时定时器（TOF）开始定时。

R 为定时器的复位信号，Q 为定时器的输出信号。PT 为时间预设值，ET 为定时开始后经过的时间（或称为已耗时间值），它们的数据类型为 32 位的 Time，单位为 ms，最大定时时间长达 T#24D-20H-31M-23S-647MS（D、H、M、S、MS 分别为日、时、分、秒和毫秒）。

3.1　接通延时定时器指令及其应用

接通延时定时器（TON）使能输入端（IN）的输入电路由断开变为接通时开始定时。定时时间大于或等于预置时间（PT）指定的设定值时，输出 Q 变为 1 状态，已耗时间值（ET）保持不变，如图 3-1（a）中的波形 A 所示。

图 3-1（b）中，输入 IN（I0.0）输入为 1 状态，定时器开始定时，5 s 后，定时时间到，Q0.0 输出端为 1。输入 I0.1 为 1 状态时，定时器复位线圈 RT 接通，定

时器被复位，已消耗时间被清零，Q 输出端为 0；I0.1 变为 0 状态时，如果 IN（I0.0）输入为 1 状态，将重新开始定时。

　　IN 输入端的电路断开时，定时器被复位，已耗时间被清零，输出 Q 变为 0 状态，CPU 第一次扫描时，定时器输出 Q 被清零。如果输入 IN 在未达到 PT 设定的时间时变为 0 状态，如图 3-1（a）中的波形 B 所示，则输出 Q 保持 0 状态不变。

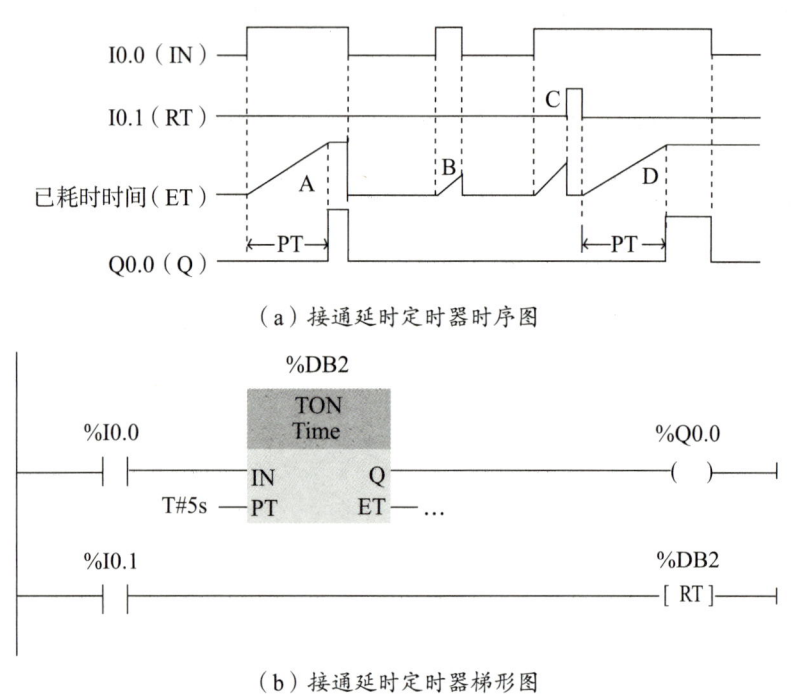

（a）接通延时定时器时序图

（b）接通延时定时器梯形图

图 3-1　接通延时定时器工作过程

　　【例】（闪烁电路）用接通延时定时器指令设计输出脉冲周期和占空比可调的振荡电路，实现定时闪烁控制。要求：接通 3 s，断开 2 s。

　　闪烁电路实际上是一个具有正反馈的振荡电路。第一个定时器输出的 Q 位信号可以表示为 "IEC_Timer_0_DB".Q，第二个定时器输出的 Q 位信号可以表示为 "IEC_Timer_0_DB_1".Q，如图 3-2 所示。

　　上电开始，第一个定时器 "IEC_Timer_0_DB" 输入为 1，开始定时，2 s 后定时时间到，其常开触点 "IEC_Timer_0_DB".Q 闭合，能流流入第二个定时器 "IEC_Timer_0_DB_1"，并开始定时，同时 Q0.0 线圈接通。3 s 后第二个定时器的定时时间到，输出为 1，下一个扫描周期使其输出的常闭触点 "IEC_Timer_0_DB_1".Q 断开，第一个定时器输入开路，使 Q 输出为 0，使 Q0.0 和第二个定时器的 Q 输出也变为 0 状态。在下一个扫描周期，因第二个定时器的常闭触点接通，第一个定时器又从预设值开始定时。之后 Q0.0 的线圈就这样周期性地接通与断开。

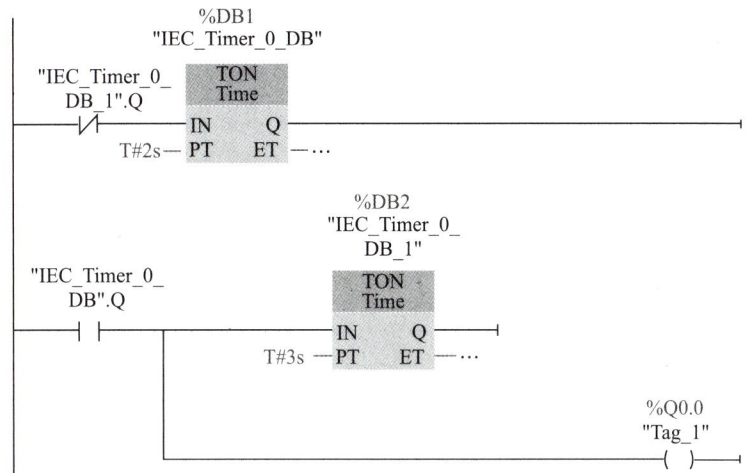

图 3-2　闪烁电路（接通延时定时器）

3.2　脉冲定时器指令及其应用

脉冲定时器（TP）可生成具有预设宽度时间的脉冲，如图 3-3（a）所示。在 IN 输入信号的上升沿，Q 输出为 1 状态，开始输出脉冲，达到 PT 预设的时间时，Q 输出变为 0 状态。IN 输入的脉冲宽度可以小于 Q 输出的脉冲宽度。在脉冲输出期间，即使 IN 输入又出现上升沿，如图 3-3（a）中波形 B 所示，也不会影响脉冲的输出。

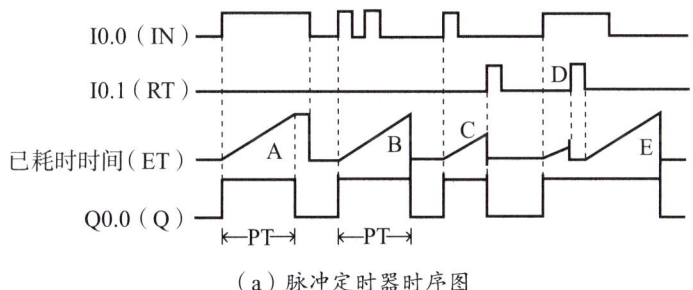

（a）脉冲定时器时序图

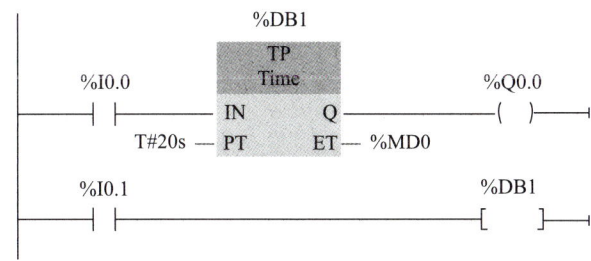

（b）脉冲定时器梯形图

图 3-3　脉冲定时器工作过程

用程序状态监控功能可以观察已消耗时间的变化。定时器开始时，已消耗时间从 0 ms 开始不断增加，达到 PT 预设值的时间时不再增加。如果 IN 为 1 状态，则已消耗时间保持不变；如果 IN 为 0 状态，则已消耗时间变为 0 ms。IN 输入为 1 时，定时器复位指令可以复位已消耗时间，但不能复位输出值 Q，复位信号消失，继续输出固定时间的脉宽，如图 3-3 所示。

【例】（闪烁电路）用脉冲定时器指令设计输出脉冲周期和占空比可调的振荡电路，实现定时闪烁控制。要求：接通 3 s，断开 2 s。

梯形图设计如图 3-4 所示。

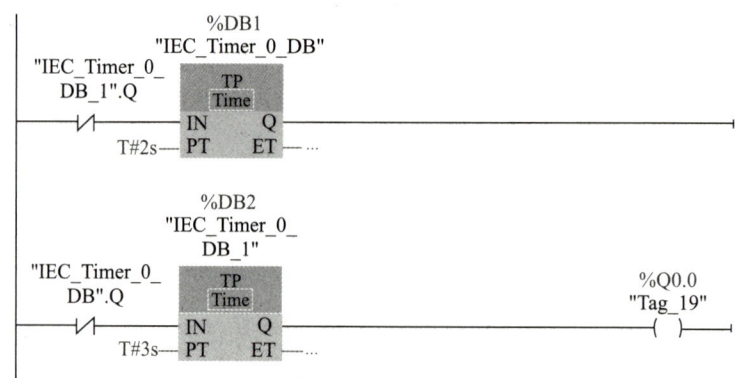

图 3-4 闪烁电路（脉冲定时器）

3.3 断开延时定时器指令及其应用

断开延时定时器模拟断电延时型物理时间继电器，TOF 指令必须用负跳变（由 ON 到 OFF）的输入信号启动计时。输入端（IN）为 1 时，断开延时定时器（TOF）的 Q 值立即置为 1，并把预设时间值（PT）置为 0。输入端（IN）为 0 时，定时器开始计时，当断开延时定时器（TOF）耗尽预设时间时，定时器的 Q 值立即置为 0，并停止计时。

扫一扫

扫码查看
定时器指令（二）

断开延时定时器的输入端接通时，输出 Q 为 1，已耗时间值被清零，输入电路由接通变为断开时开始定时，已消耗时间值从 0 逐渐增大，当已消耗时间值大于或等于预设时间时，输出变为 0，已耗时间值不变，直到 IN 输入电路接通，如图 3-5 所示。断开延时定时器主要用于设备停止后的延时，如大型变频电动机冷却风扇的延时运行。

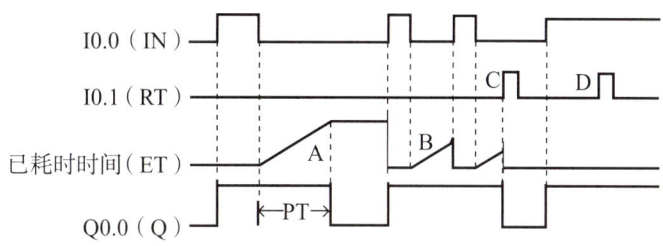

（a）断开延时定时器时序图

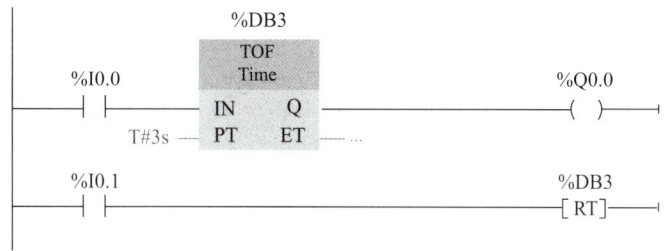

（b）断开延时定时器梯形图

图 3-5　断开延时定时器工作过程

在图 3-5（a）中，输入 IN（I0.0）输入由 1 变为 0 状态，定时器开始定时，3 s 后，定时时间到，Q0.0 输出端为 1。注意，当输入 IN 为高电平时，定时器复位指令不起作用。

输入 I0.1 为 1 状态时，定时器复位线圈 RT 接通，定时器被复位，已消耗时间被清零，Q 输出端为 0；I0.1 变为 0 状态时，如果 IN（I0.0）输入再次由 1 变为 0 状态，将重新开始定时。

3.4　保持型接通延时定时器指令及其应用

保持型接通延时定时器（TONR）的输入电路 IN 接通即开始定时，输入电路断开，累计的已消耗时间保持不变。可以用来累计输入电路接通的若干时间间隔。

输入 IN（I0.0）输入由 0 变为 1 状态，定时器开始定时，3 s 后，定时时间到，Q0.0 输出端为 1，I0.0 输入由 1 变为 0 状态，Q0.0 输出状态仍然为 1。复位输入 I0.1 为 1 状态时，TONR 被复位，其累计时间变为 0，同时输出变为 0，如图 3-6 所示。

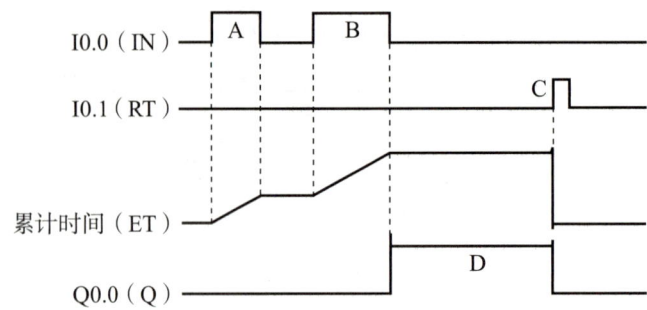

（a）保持型接通延时定时器时序图

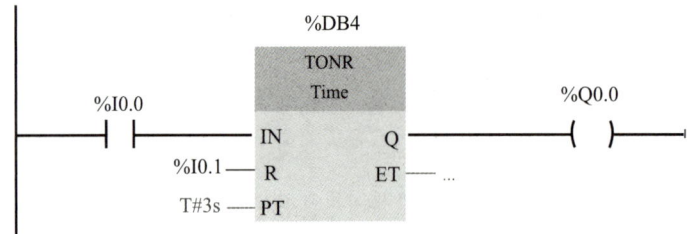

（b）保持型接通延时定时器梯形图

图 3-6　保持型接通延时定时器工作过程

【例】三级皮带运输机顺序相连，如图 3-7 所示。为了避免运送的物料在运输带上堆积，按下启动按钮，1 号运输带开始运行，10 s 后 2 号运输带自动启动，再过 10 s 后 3 号运输带自动启动。停机的顺序与启动的顺序刚好相反，即按下停止按钮后，3 号运输带停机，10 s 后 2 号运输带停机，再过 10 s 后 1 号运输带停机。

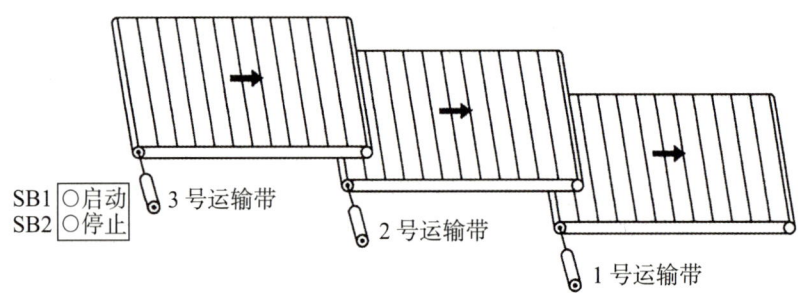

图 3-7　顺序启动逆序停止控制示意图

（1）将控制要求转化为时序图。运输带控制时序如图 3-8 所示。

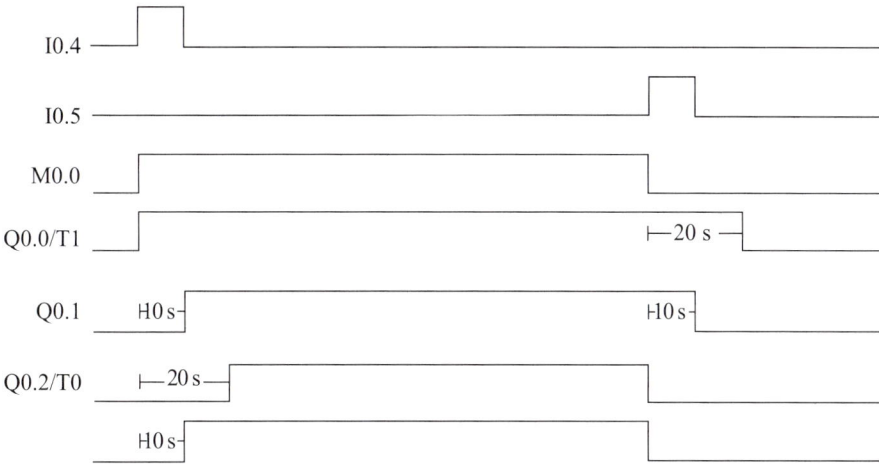

图 3-8　运输带控制时序图

（2）确定 I/O 端口分配，如表 3-3 所示。

表 3-3　I/O 端口分配表

类别	元件	I/O 端口编号	备注
输入	SB1	I0.4	启动按钮
	SB2	I0.5	停止按钮
输出	KA1	Q0.0	1 号运输带
	KA2	Q0.1	2 号运输带
	KA3	Q0.2	3 号运输带

（3）绘制 I/O 接线图并正确接线，如图 3-9 所示。

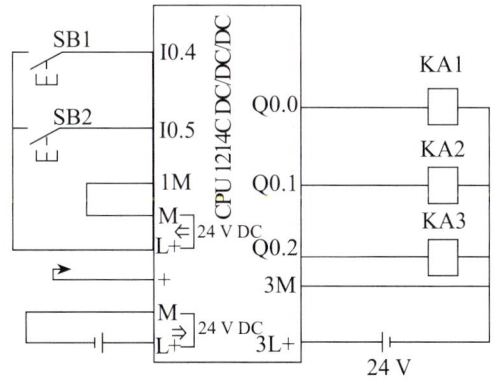

图 3-9　PLC 的 I/O 接线

（4）绘制梯形图，如图 3-10 所示。

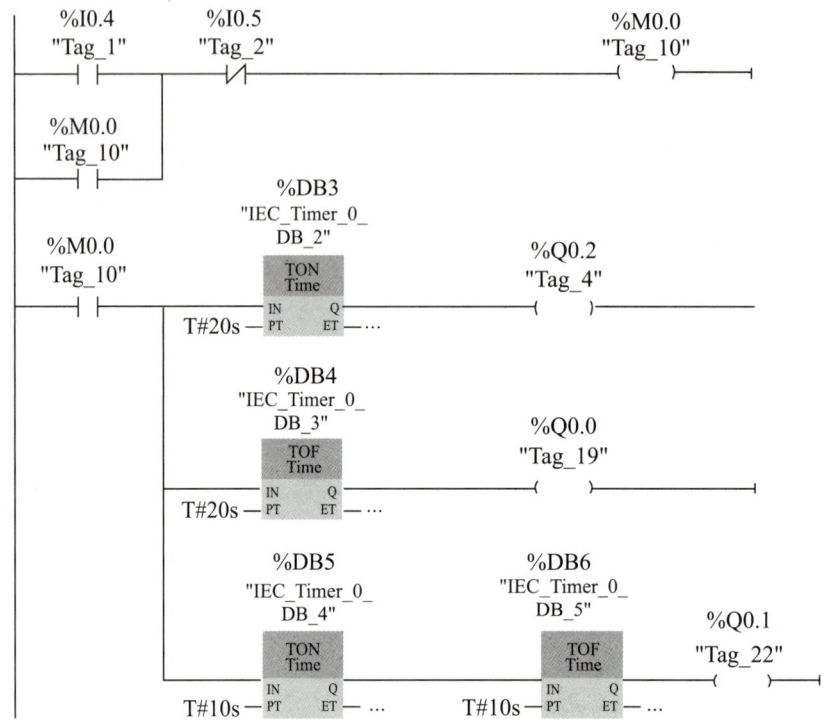

图 3-10　运输带控制梯形图

任务实施　电动机星三角降压启动

控制要求：电动机启动时，把定子绕组接成星形（Y），以降低启动电压，减小启动电流；待电动机启动后，再过 5 s，再把定子绕组改接成三角形（△），使电动机全压运行。

1. 电动机 Y- △降压启动控制 I/O 地址分配表

按控制要求列出所需的 I/O 接口，并为其分配相应的地址。分配表如表 3-4 所示。

表 3-4　电动机 Y- △降压启动控制 I/O 分配表

输入（I）			输入（O）		
输入端	输入元件	功能	输出端	输出元件	功能
I0.0	SB1	启动按钮	Q0.0	KM1	电源接触器
I0.1	SB2	停止按钮	Q0.1	KM2	星形连接接触器
I0.2	SB3	过载	Q0.2	KM3	三角形连接接触器

2. 电动机 Y- △ 降压启动控制 PLC 接线图

根据控制要求和表 3-4，设计其 PLC 接线图，如图 3-11 所示。

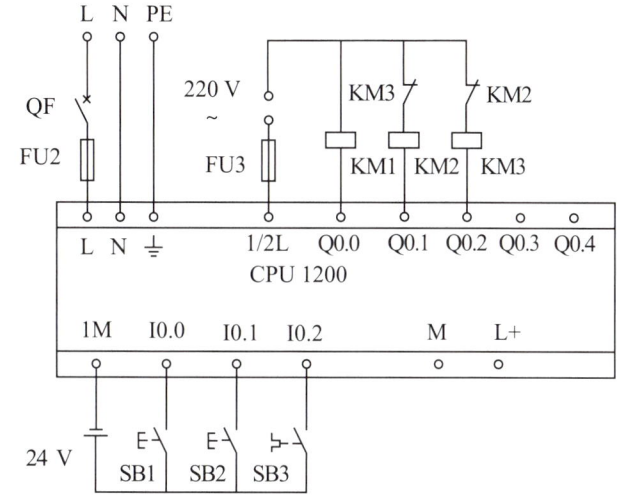

图 3-11　电动机 Y- △ 降压启动 PLC 外部接线图

3. 电动机 Y- △ 降压启动控制程序

电动机 Y- △ 降压启动控制的参考程序如图 3-12 所示。

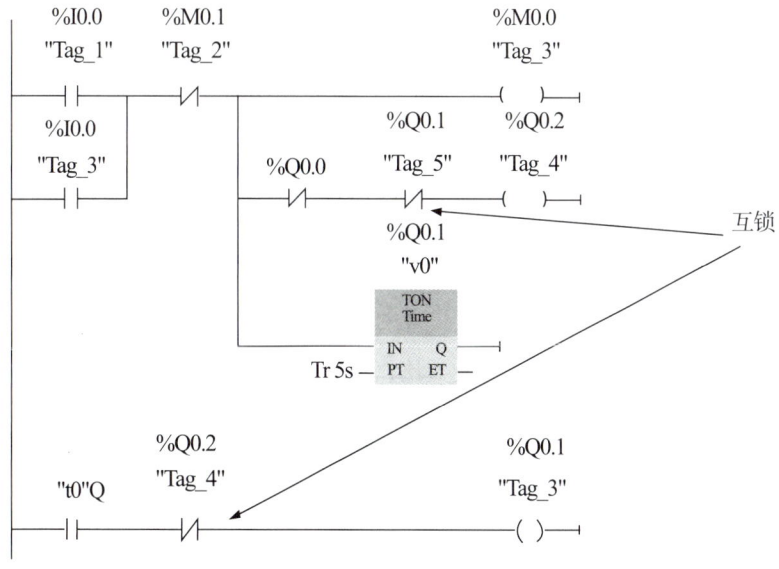

图 3-12　电动机 Y △ 降压启动控制程序

北京 "爱心红绿灯"：时尚与实用并存，引领文明出行新风尚

"在北京也看到爱心红绿灯了！""超有仪式感。""连等一个红灯，都是爱你的形状……"几个年轻人对"爱心红绿灯"表达出了兴奋和赞赏，纷纷表示出对这种仪式感和时尚感的喜爱。

"爱心红绿灯"不仅仅是一种交通设施，它还可以实时采集路上行人流量数据，同时抓拍违法行为。此外，它还可以展示图片或视频，起到文明引导作用。这个全新的尝试可以改变很多人闯红灯的想法，让人们更加遵守交通规则，文明出行，带着安全与爱回家。

任务拓展　基于定时器指令的交通灯控制

十字路口交通灯控制是生活中常见的控制项目，本任务中将采用定时器的方法，实现该控制效果。交通灯控制要求如图 3-13 所示。

扫一扫

扫码查看定时器
指令的应用举例

1. 控制要求

当按下启动开关 I0.0, 交通信号灯系统开始工作。南北方向，按照南北绿灯亮 28 s，南北黄灯闪烁 3 s，南北红灯亮 31 s 的方式；东西方向，按照东西红灯亮 31 s，东西绿灯亮 28 s，东西黄灯闪烁 3 s 的方式进行工作。一个完整循环周期为 62 s。

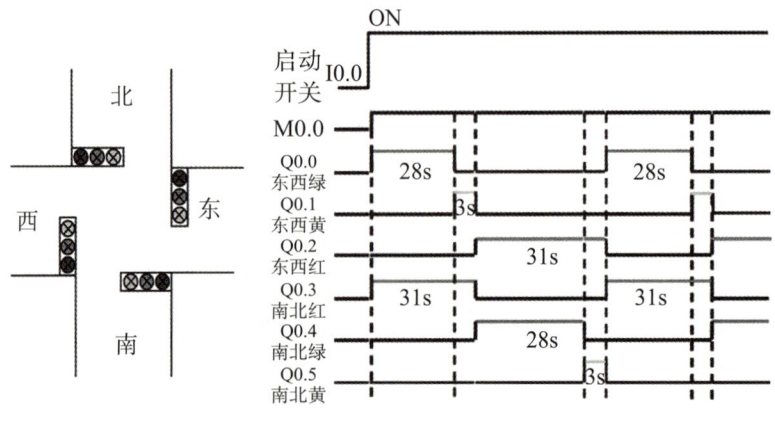

图 3-13　交通灯控制要求

控制要求分析如图 3-14 所示。南北方向，在 0 ～ 28 s 时绿灯亮，28 ～ 31 s 时黄灯闪烁，31 ～ 62 s 时红灯亮；东西方向，在 0 ～ 31 s 时红灯亮，31 ～ 59 s 时绿灯亮，59 ～ 62 s 时黄灯闪烁。工作周期为 62 s。

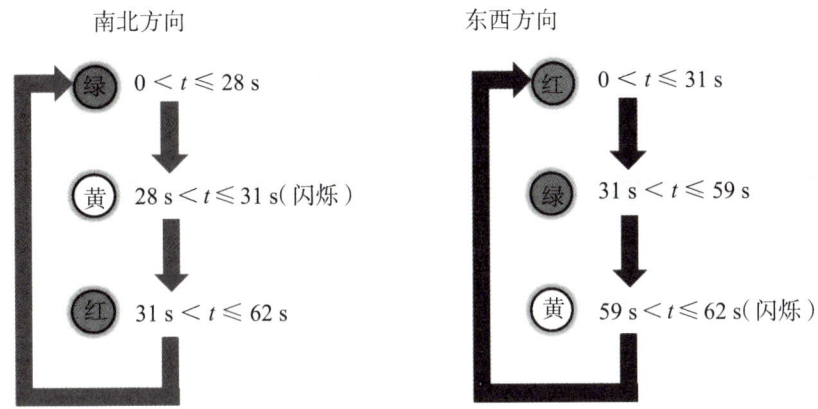

图 3-14 控制要求分析

2. 硬件设计

首先进行 I/O 地址分配，如表 3-5 所示。

表 3-5 I/O 分配

输入继电器	输入元件	输出继电器	输出元件
I0.0	开始按钮 SB1	Q0.0	南北方向绿灯 HL1
I0.1	停止按钮 SB2	Q0.1	南北方向黄灯 HL2
		Q0.2	南北方向红灯 HL3
		Q0.3	东西方向红灯 HL4
		Q0.4	东西方向黄灯 HL5
		Q0.5	东西方向绿灯 HL6

分配 I0.0 为开始按钮，I0.1 为停止按钮；Q0.0、Q0.1 和 Q0.2 分别为南北绿灯、黄灯和红灯；Q0.3、Q0.4 和 Q0.5 分别为东西红灯、黄灯和绿灯。

PLC 外部接线图如图 3-15 所示。

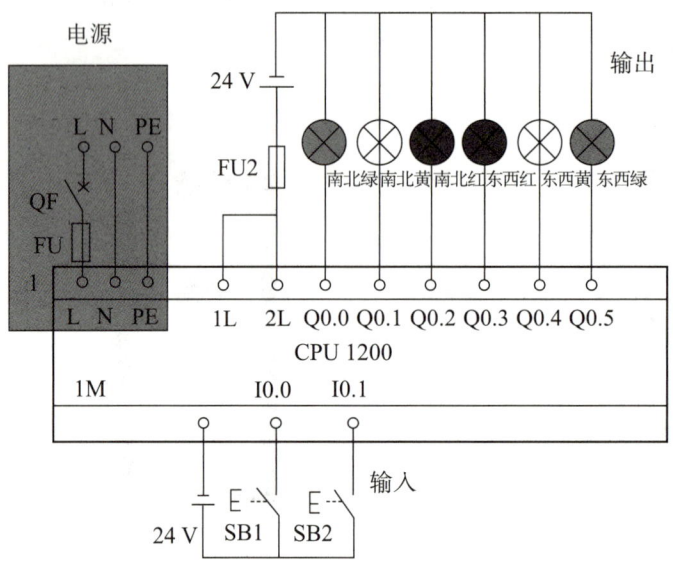

图 3-15　PLC 外部接线图

3. 软件设计

在十字路口交通灯控制系统的软件程序设计中，需要几个定时器呢？

（1）0～28 s，南北绿，可以用开始线圈的常开触点和 28 s 定时器的常闭触点来实现。

（2）28～31 s，南北黄，可以用 28 s 定时器常开触点和 31 s 定时器的常闭触点来实现。

（3）31～62 s，南北红，可以用 31 s 定时器常开触点和 62 s 定时器的常闭触点来实现。

（4）0～31 s，东西红，可以用开始线圈的常开触点和 31 s 定时器的常闭触点来实现。

（5）31～59 s，东西绿，可以用 31 s 定时器常开触点和 59 s 定时器的常闭触点来实现。

（6）59～62 s，东西黄，可以用 59 s 定时器常开触点和 62 s 定时器的常闭触点来实现。

根据控制要求，十字路口交通灯程序设计如图 3-16 所示。

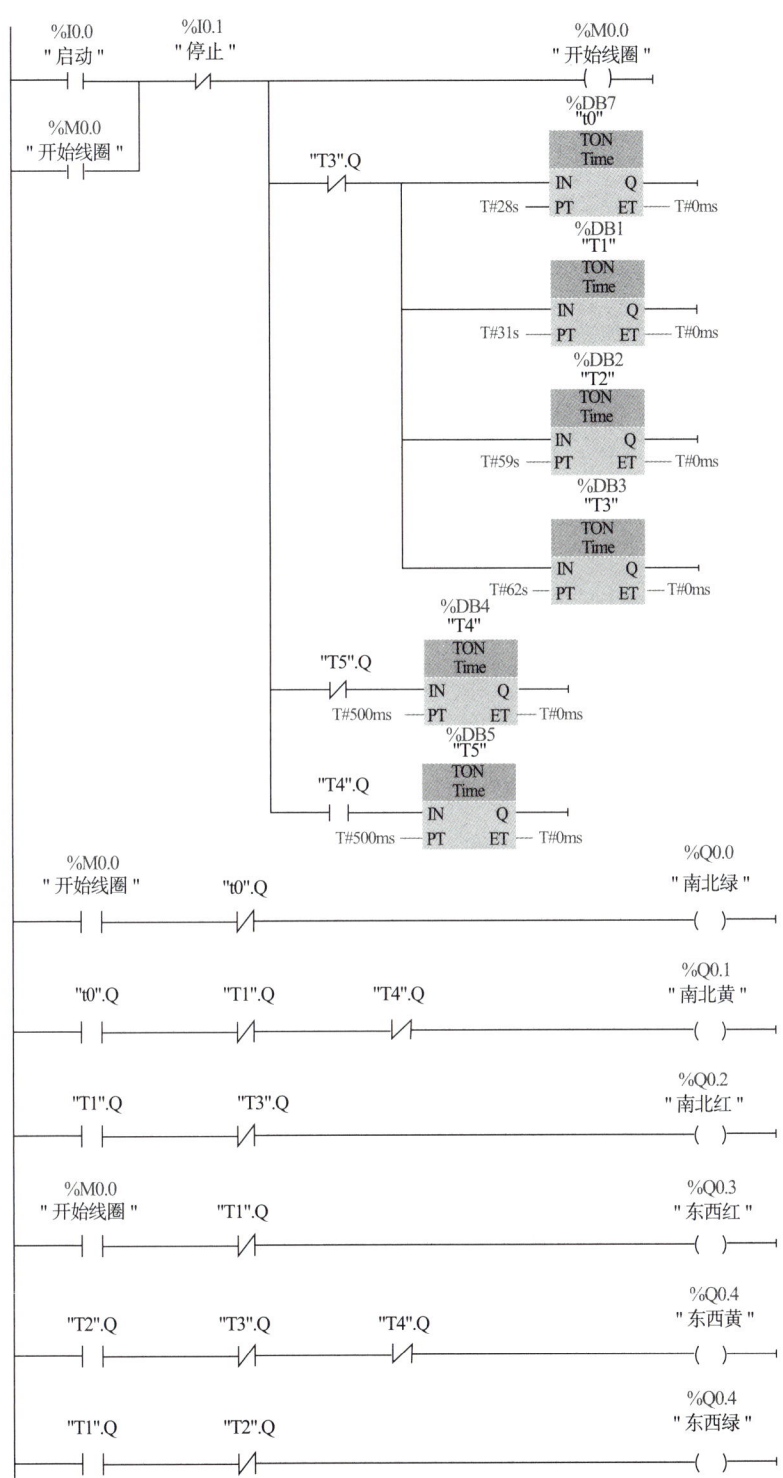

图 3-16　十字路口交通灯程序设计

任务评价反馈单

学生任务分配实施单

任务名称	电动机星三角降压启动			
班级		组号		指导教师
组长		学号		
组员	姓名		学号	
	姓名		学号	
	姓名		学号	
	姓名		学号	

分工（就组织讨论、工具准备、数据采集记录、安全监督、成果展示等工作内容进行任务分工）

实施步骤

（1）简述 PLC 的定时器指令，分析比较几种定时器指令。

（2）在博途软件编程，将程序下载到 PLC 硬件，软硬件联合调试，观察并描述实验效果。

经验记录单

任务名称				电动机星三角降压启动		
班级		姓名			指导教师	
组长		组号				
总结与经验						

实验过程中，出现了哪些问题？你是如何解决的？

问题 1：

解决方法：

问题 2：

解决方法：

问题 3：

解决方法：

各小组互评打分表

姓名		学号			班级					组别		
实训任务		电动机星三角降压启动										
评价项目	分值	等级				评价对象（组别）						
		A	B	C	D	1	2	3	4	5	6	7	8
方案合理	20	20	15	10	5							
团队合作	20	20	15	10	5							
工作质量	20	20	15	10	5							
工作规范	20	20	15	10	5							
PPT/演示展示	20	20	15	10	5							
合计	100	各组得分										

总结与反思

（如：任务实施过程中遇到了什么问题→如何解决／解决不了的原因→心得体会）

教师评价打分表

姓名			学号		班级		组别	
实训任务				电动机星三角降压启动				
评价项目			评价标准				分值	得分
考勤（10%）			无迟到、早退和旷课的现象				10	
工作过程（60%）	知识目标	获取信息	掌握工作相关知识				10	
		进行表决	制订工作方案，方案合理可行				10	
	技能目标	任务实施	能够熟练操作博途软件				5	
			能够利用博途软件完成程序的编写与调试				5	
			能够利用博途软件进行程序的仿真与监控				5	
			电路上电后运行正确				5	
	素养目标	工作态度	认真严谨、积极主动、安全生产、文明施工				5	
		团队合作	与小组成员、同学之间合作交流、协作工作				5	
		工作质量	按照工作方案操作，按计划完成工作任务				10	
项目成果（30%）		工作完整	能按时完成工作任务的所有环节				10	
		工作规范	实训过程中规范操作，避免意外事故的发生				10	
		汇报展示	能准确表达、汇报工作成果				10	
合计							100	
综合评价			学生评价（50%）		教师评价（50%）		综合得分	
综合评语			（作业过程中存在的问题及改进建议）					

任务3-2　运料小车往返运行控制

工厂内运输主要采用叉车及运料小车。叉车需由专人驾驶且无固定轨道，在车间内运行极不安全；手推运料小车需人为动力，劳动强度大，运输效率低。随着经济的发展，运料小车不断扩大到工业运输的各个领域，从手动到自动，逐渐形成了机械化、自动化。目前，自动运料小车在煤矿、仓库、港口车站、矿井等行业中被广泛应用，运料小车自动化控制的实现，可显著降低系统的运行费用。

任务分析

在运料小车自动往返控制中，通常在送料、卸料和装料过程中需要用到定时功能，因此需要引入定时器指令。在往来多次的送料过程中，为了实现固定次数的装料或卸料，需要用到计数功能，因此需要引入计数器指令。利用定时器＋计数器的联合，可实现丰富的控制功能。

知识链接

3.5　PLC 的数据类型与存储器

S7-1200 有 3 种计数器：加计数器（CTU，counter up）、减计数器（CTD，counter down）和加减计数器（CTUD，counter up down）。它们均属于软件计数器，其最大计数速率受到其所在 OB（organization block，组织块）的执行速率限制。如果需要速率更高的计数器，可以使用 CPU 内置的高速计数器。调用计数器指令时，需要生成保存计数器数据的背景数据块。计数器的参数如表 3-6 所示。

扫一扫

扫码查看计数器指令

表 3-6　计数器的参数

参数	数据类型	说明
CU、CD	BOOL	加计数或减计数，按加或减 1 计数
R（CTU、CTUD）	BOOL	将计数值重置零
LD（CTD、CTUD）	BOOL	预设值的装载控制
PV	SInt、Int、DInt、UInt、UDInt	预设计数值
QU	BOOL	CV >= PV 时为真
QD	BOOL	CV <= 0 时为真
CV	SInt、Int、DInt、UInt、UDInt	当前计数值

CU（count up）和 CD（count down）分别是加计数输入和减计数输入，在 CU 或 CD 由 0 变为 1 时，实际计数值 CV 加 1 或减 1。复位输入 R 为 1 时，计数器被复位，CV 被清 0，计数器的输出 Q 变为 0。LD 为 1，将预设值 PV 装入计数器的当前值。

3 种计数器指令的比较如表 3-7 所示。

表 3-7　3 种计数器指令的比较

计数器类型	指令格式	计数方式	计数器位 ON	计数器复位
CTU	CTU Int / CU Q / R CV / PV	CU 输入端的每个上升沿，CV 加 1，达到指定数据类型上限值后不再增加	CV >= PV 时，Q=1；反之，CV < PV 时，Q=0。	复位输入端 R=1；或对计数器执行复位指令
CTUD	CTUD DInt / CU Q / CD QD / R CV / LD / PV	CU 输入的每个上升沿，CV 加 1，达到指定数据类型上限值后不再增加；CD 输入的每个上升沿，CV 减 1，达到指定数据类型下限值后不再减少	CV >= PV 时，QU=1；反之 CV < PV 时，QU=0。CV <= 0 时，QD=1；反之 CV > 0 时，QD=0。	复位输入端 R=1；或对计数器执行复位指令
CTD	CTD Int / CD Q / LD CV / PV	CD 输入端的每个上升沿，计数器计数 1 次，实际值减少一个单位	CV <= 0 时，Q=1；反之 CV > 0 时，Q=0。	复位输入端 R=1；或对计数器执行复位指令

计数值的数值范围取决于所选的数据类型：如果计数值是无符号整数，则可以减计数到零或加计数到范围上限值；如果计数值是有符号整数，则可以减计数到负整数下限值或加计数到正整数上限值。

3.6　加计数器指令

加计数器指令（CTU）参数 CU 的值从 0 变为 1 时，CTU 使计数值加 1，直到 CV 达到指定数据类型的上限值，此后，即使 CU 状态变化，CV 值也不再增加。如果参数 CV 的值大于或等于参数 PV 的值，则计数器输出参数 Q=1。如果复位参数 R 的值从 0 变为 1，则当前计数值 CV 复位为 0。在第一次执行程序时，CV 被清零。加计数器指令的基本应用及时序如图 3-17 所示。

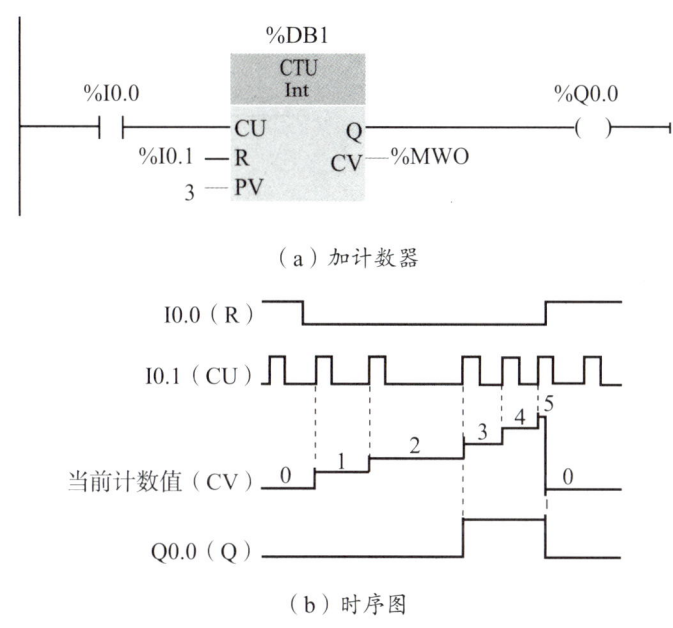

（a）加计数器

（b）时序图

图 3-17　加计数器指令

当接在 R 输入端的复位输入 I0.1 为 0 状态，接在 CU 输入端的加计数脉冲从 0 变为 1 时，当前计数值 CV 加 1，直到 CV 达到指定的数据类型的上限值。此后 CU 输入的状态变化不再起作用，即 CV 的值不再增加。

当前计数值 CV 大于或等于预设计数值 PV 时，输出 Q 变为 1 状态，反之为 0 状态。第一次执行指令时，CV 被清零。

各类计数器的复位输入 R 为 1 状态时，计数器被复位，输出 Q 变为 0 状态，CV 被清零。

3.7　减计数器指令

减计数器指令功能：计量减计数输入端的脉冲个数，达到指定数据类型下限后将不再减少。减计数器指令的基本应用及时序如图 3-18 所示。

减计数器的输入 LD 为 1 状态时，输出 Q 被复位为 0，并把预设计数值 PV 的值装入 CV。

在减计数器 CD 的上升沿，当前计数值 CV 减 1，直到 CV 达到指定数据类型的下限值。此后 CD 输入的状态变化不再起作用，CV 的值不再减小。

当前计数值 CV 小于或等于 0 时，输出 Q 为 1 状态，反之输出 Q 为 0 状态。第一次执行指令时，CV 值被清零。

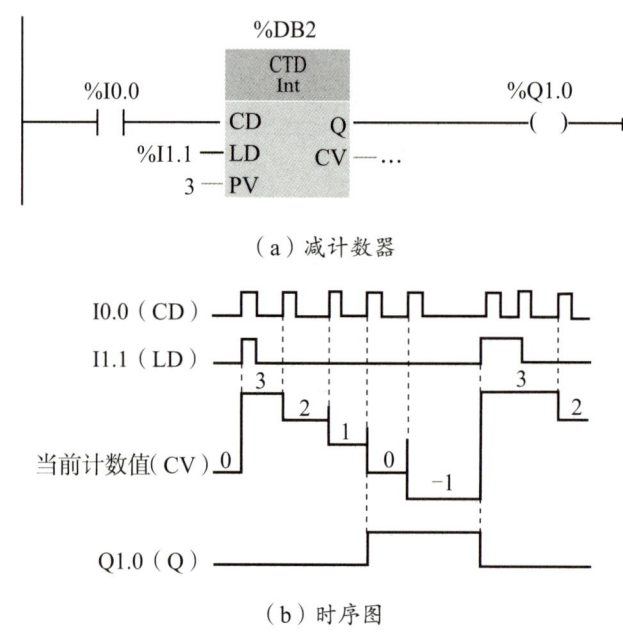

（a）减计数器

（b）时序图

图 3-18　减计数器指令

3.8　加减计数器指令

加减计数器（CTUD）指令既可以向上计数，也可以向下计数。如果参数 CU 的信号状态从 0 变为 1（信号上升沿），则参数 CV 的值加 1。如果参数 CD 的信号状态从 0 变为 1（信号上升沿），则参数 CV 的值减 1。如果在一个程序周期内输入 CU 和 CD 都出现了一个信号上升沿，则参数 CV 的值保持不变。

计数器值达到参数 CV 指定数据类型的上限后，停止递增。达到上限后，即使出现信号上升沿，CV 计数器值也不再递增。达到指定数据类型的下限后，CV 计数器不再递减。

当参数 LD 中的信号状态变为 1 时，参数 CV 的值会设置为参数 PV 的值。只要参数 LD 的信号状态为 1，参数 CU 和 CD 的信号状态就不会影响加减计数器指令。

当 R 参数的信号状态变为 1 时，计数器值将置为 0。只要 R 参数的信号状态为 1，参数 CU、CD 和 LD 信号状态的改变就不会影响加减计数器指令。

加减计数器指令的基本应用及时序如图 3-19 所示。

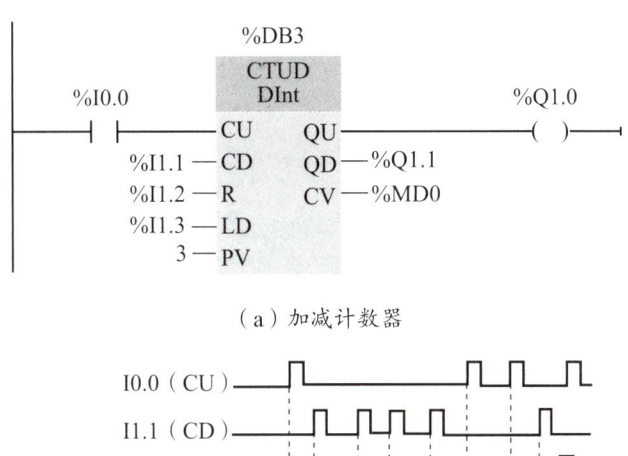

（a）加减计数器

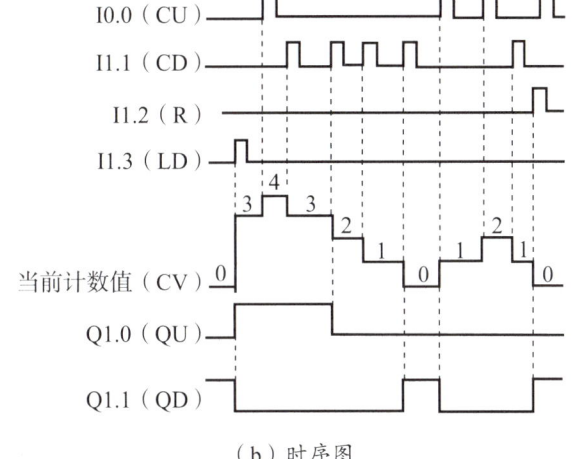

（b）时序图

图 3-19 加减计数器指令

任务实施 送料小车往返运行控制

送料小车是自动化物流系统的重要组成环节，其运动控制示意如图 3-20 所示。

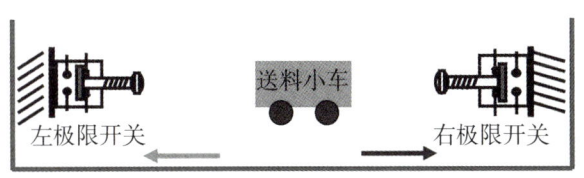

图 3-20 送料小车运动控制示意图

扫一扫

扫码查看送料小车
往返运动控制

1. 控制要求分析

按左行启动按钮，送料小车向左行，当走到最左边时装料 15 s；15 s 后自动右行，走到最右边时卸料 10 s；10 s 后自动左行。不断循环，直至按下停止按钮。

按右行启动按钮，送料小车向右行，走到最右边时卸料 10 s；10 s 后自动左行，走到最左边时装料 15 s；15 s 后自动右行。不断循环，直至按下停止按钮。

2. PLC 硬件设计

根据控制要求，送料小车运动控制的 I/O 分配表如表 3-8 所示。

表 3-8　送料小车运动控制的 I/O 分配表

输入信号			输出信号		
PLC 地址	电气符号	功能说明	PLC 地址	电气符号	功能说明
I0.0	SB1	正向（左行）启动按钮	Q0.0	KM1	左行（正转）
I0.1	SB2	反向（右行）启动按钮	Q0.1	KM2	右行（反转）
I0.2	SB3	停止按钮	Q0.2	KM3	装料
I0.3	SQ1	左极限开关	Q0.3	KM4	卸料
I0.4	SQ2	右极限开关			

送料小车运动控制的 PLC 外部接线图如图 3-21 所示。

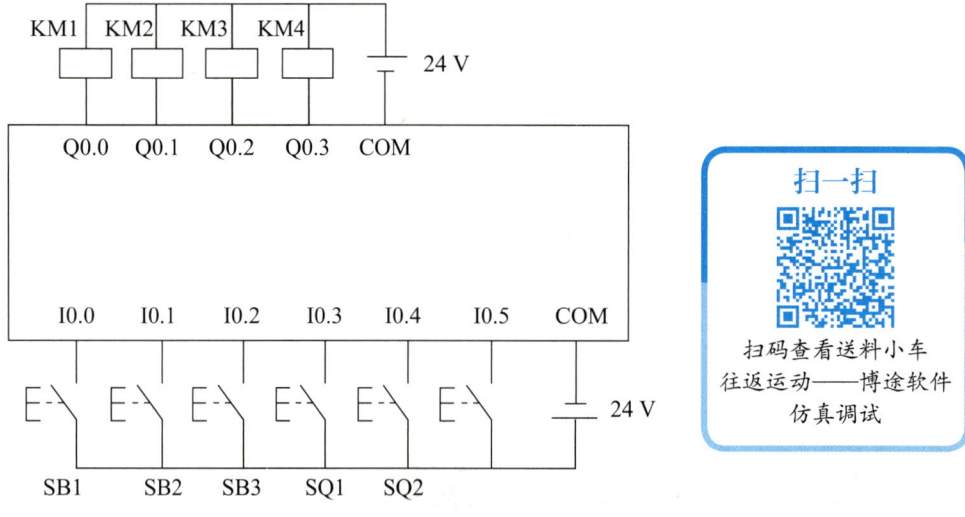

扫一扫

扫码查看送料小车
往返运动——博途软件
仿真调试

图 3-21　送料小车运动 PLC 外部接线图

3.软件程序设计

送料小车软件程序设计如图 3-22 所示。

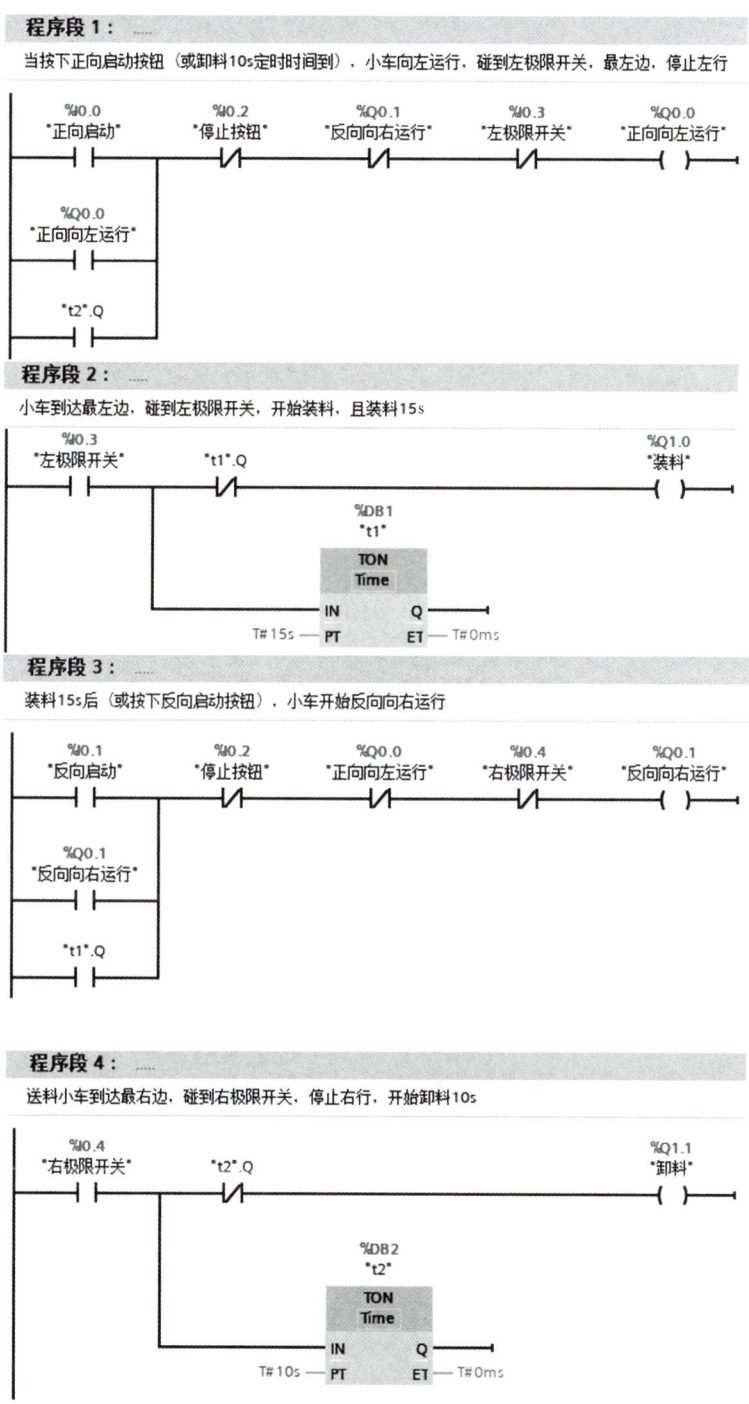

图 3-22 送料小车软件程序设计

任务拓展　送料小车往返计数控制

1. 任务分析

送料小车运动示意图如图 3-23 所示。设小车初始位置是停在左边（限位开关 I0.1 为 1 状态），按下启动按钮 I0.4 后，小车向右运动（简称右行），碰到限位开关 I0.2 后，停在该处，3 s 后开始左行，碰到限位开关 I0.1 后，小车继续右行，如此往返 3 次后，小车停止在限位开关 I0.1 处。

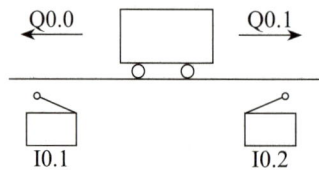

图 3-23　小车运动示意图

2. I/O 分配及硬件接线

综上分析，将 I/O 点进行分配，如表 3-9 所示。PLC 的外部 I/O 接线如图 3-24 所示。

表 3-9　I/O 点分配

类别	元件	I/O 点编号	备注
输入	SB1	I0.1	左限位
	SB2	I0.2	右限位
	SB3	I0.4	启动
	SB4	I0.5	停止
输出	KA1	Q0.0	左行
	KA2	Q0.1	右行

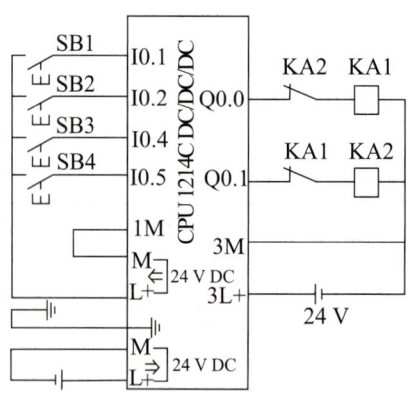

图 3-24　PLC 的外部 I/O 接线

从图 3-24 可以看出，所有的输入开关均采用常开触点，当输入开关接通时，相对应的输入元件接通，即为得电状态。

3. 梯形图设计

根据图 3-24 设计梯形图程序，如图 3-25 所示，M10.0 用于激活初始步 M0.0。

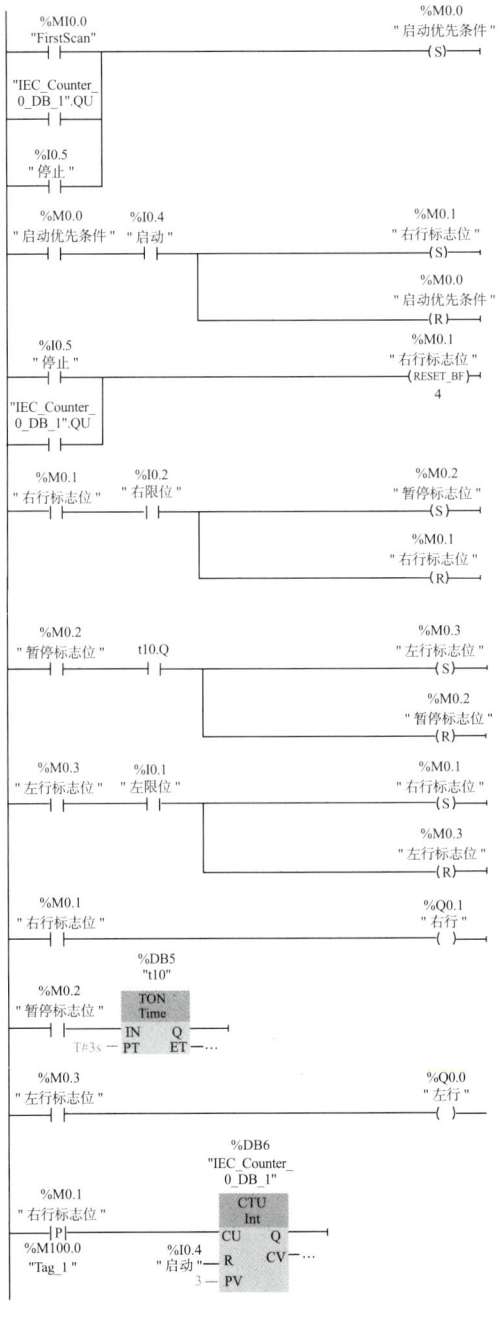

图 3-25　送料小车往返计数控制梯形图

任务评价反馈单

学生任务分配实施单

任务名称			送料小车往返运行控制		
班级		组号		指导教师	
组长		学号			
组员	姓名		学号		
	姓名		学号		
	姓名		学号		
	姓名		学号		

分工（就组织讨论、工具准备、数据采集记录、安全监督、成果展示等工作内容进行任务分工）

实施步骤

（1）简述 PLC 计数器指令，并比较分析几种计数器指令的区别。

（2）在博途软件中编程，将程序下载到 PLC 硬件，软硬件联合调试，观察并描述实验效果。

经验记录单

任务名称				送料小车往返运行控制		
班级		姓名			指导教师	
组长		组号				

总结与经验

实验过程中，出现了哪些问题？你是如何解决的？

问题 1：

解决方法：

问题 2：

解决方法：

问题 3：

解决方法：

各小组互评打分表

姓名		学号		班级			组别		
实训任务			送料小车往返运行控制						
评价项目	分值	等级				评价对象（组别）			
		A	B	C	D	1	2	3	4	5	6	7	8
方案合理	20	20	15	10	5								
团队合作	20	20	15	10	5								
工作质量	20	20	15	10	5								
工作规范	20	20	15	10	5								
PPT/演示展示	20	20	15	10	5								
合计	100	各组得分											

总结与反思

（如：任务实施过程中遇到了什么问题→如何解决／解决不了的原因→心得体会）

教师评价打分表

姓名			学号		班级		组别	
实训任务				送料小车往返运行控制				
评价项目			评价标准				分值	得分
考勤（10%）			无迟到、早退和旷课的现象				10	
工作过程（60%）	知识目标	获取信息	掌握工作相关知识				10	
		进行表决	制订工作方案，方案合理可行				10	
	技能目标	任务实施	能够熟练操作博途软件				5	
			能够利用博途软件完成程序的编写与调试				5	
			能够利用博途软件进行程序的仿真与监控				5	
			软硬件结合，完成任务的控制与讲解演示				5	
	素养目标	工作态度	认真严谨、积极主动、安全生产、文明施工				5	
		团队合作	与小组成员、同学之间合作交流、协作工作				5	
		工作质量	按照工作方案操作，按计划完成工作任务				10	
项目成果（30%）		工作完整	能按时完成工作任务的所有环节				10	
		工作规范	实训过程中规范操作，避免意外事故的发生				10	
		汇报展示	能准确表达、汇报工作成果				10	
合计							100	
综合评价			学生评价（50%）		教师评价（50%）		综合得分	

（作业过程中存在的问题及改进建议）

综合评语

项目 4 功能指令的编程及应用

项目导入

西门子 S7-1200 PLC 是一款性能卓越、功能强大的控制器，其丰富的功能指令为实现复杂的控制任务提供了有力支持。本项目旨在深入探讨西门子 S7-1200 PLC 功能指令的编程及应用，通过实际案例帮助学习者掌握这些指令的使用方法和技巧。

在工业生产中，我们常常面临各种各样的控制需求，例如精确的运动控制、复杂的数据处理、高效的通信等。西门子 S7-1200 PLC 的功能指令恰能满足这些需求。以运动控制为例，通过使用其相关指令，我们可以精确地控制电动机的速度、位置和加速度，实现高精度的自动化生产流程；再如数据处理指令，PLC 能够对大量的生产数据进行快速运算、筛选和转换，为生产决策提供准确的依据；而在通信方面，凭借特定的功能指令，可实现 PLC 与其他设备之间稳定、高效的数据交互。

学习目标

（1）掌握传送指令和交换指令的用法。

（2）掌握比较指令和算术指令的用法。

（3）掌握移位指令、循环移位指令和移动操作指令的用法。

（4）了解高速计数器、高速脉冲输出、运动控制参数设置和运动控制指令的相关内容。

（5）能应用功能指令设计简单的 PLC 控制程序。

任务 4-1　基于传送指令的彩灯闪烁控制

任务描述

　　本任务利用传送指令和比较指令实现彩灯闪烁控制。随着社会经济的不断繁荣和发展，各种装饰彩灯、广告彩灯越来越多地出现在城市中。在大型晚会的现场，彩灯已成为不可缺少的一道景观。本任务介绍 PLC 在不同变化类型的彩灯控制中的应用，灯的亮灭、闪烁时间及流动方向的控制均通过 PLC 来达到控制要求。

任务分析

　　本任务以常见的循环彩灯控制为例，了解学习 S7-1200 PLC 程序块的应用。选用 5 个点动按键 S0—S4 作为 PLC 的输入信号，8 个发光二极管 LED0—LED7 作为 PLC 的输出信号，编写程序实现 8 个发光二极管闪烁花样的切换显示。

知识链接

4.1　传送指令

　　传送指令，也叫移动指令，用于将 IN 输入端的源数据传送（复制）给 OUT1 输出端的目的地址，并且转换为 OUT1 指定的数据类型，源数据保持不变，如表 4-1 所示。

扫一扫

扫码查看移动指令

表 4-1　传送（移动）指令

指令	说明
MOVE — EN　ENO — — IN　OUT1 —	MOVE 可将存储在指定地址的数据元素复制到新地址
MOVE_BLK — EN　ENO — — IN　OUT — — COUNT	MOVE_BLK（可中断移动）可将数据元素块复制到新地址
UMOVE_BLK — EN　ENO — — IN　OUT — — COUNT	UMOVE_BLK（不可中断移动）可将数据元素块复制到新地址

IN 和 OUT1 可以是除 BOOL 之外的所有基本数据类型和 DTL、Struct、Array 等数据类型，IN 还可以是常数。

MOVE 传送指令对存储器进行赋值，或者把一个存储器的数据复制到另外一个存储器中，还可以用于清零功能。用传送指令编写的梯形图如图 4-1 所示。在图 4-1（a）网络 1 中，将存储器 MW20 中的数值传递到 MW40 中，同时给 MW100 存储器赋值 0；在图 4-1（a）网络 2 中，将二进制数值 10011010 传送到 MB30 中，同时给 MB34 存储器赋值 45。

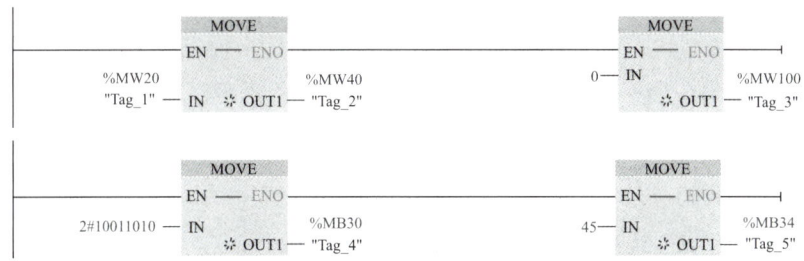

（a）传送指令梯形图

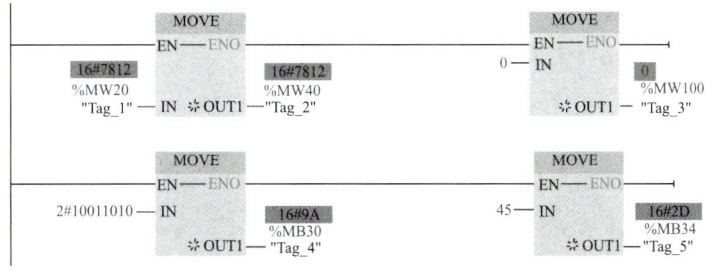

（b）传送指令监控效果

图 4-1　传送指令

利用传送指令也可设定定时值或计数值到存储器，使定时或计数控制更加灵活，这对于根据实际情况改变定时值或计数值的控制是十分有用的。例如，图 4-2 将定时值 15000（15 s）传送到 MD20（注意是 32 位），把计数值 10 传送到 MW30。

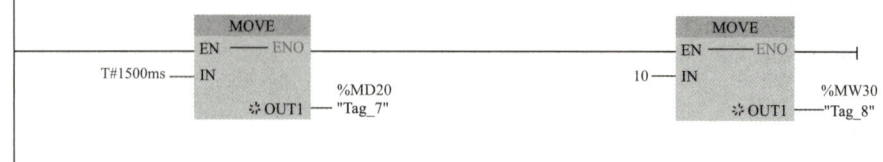

图 4-2　传送指令设定定时器

如果 IN 数据类型的位长度超出 OUT1 数据类型的位长度，则源值的高位丢失；如果 IN 数据类型的位长度小于 OUT1 数据类型的位长度，则目标值的高位被改写为 0，如图 4-3 所示。

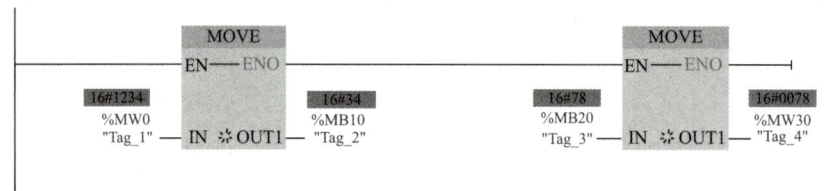

图 4-3　数据传送长度不同

在图 4-3 中，将 MW0 中的数据 16#1234 传送给 MB10 时，由于 IN 数据类型的位长度超出 OUT1 数据类型的位长度，源值的高位丢失，则只是将 MW0 的低位字节（MB1）中的数据 16#34 传送到 MB10 中；将 MB20 中的数据 16#78 传送给 MW30 时，因为 IN 数据类型的位长度小于 OUT1 数据类型的位长度，则目标值的高位被改写为 0，MW30 中的数据为 16#0078。

扫一扫

扫码查看传送指令（移动指令）的使用练习

4.2　交换指令

交换指令可以将输入操作数数据字节的顺序进行调换，也就是实现高低字节的交换。交换指令支持 Word 和 DWord 这两种数据类型。字节交换指令必须采用脉冲执行方式。

如图 4-4 所示，MW10 中的数据 16#1234 通过交换指令交换之后变为 16#3412；

MD30 中的数据 16#1234_5678 通过交换指令交换之后变为 16#7856_3412（注意不是 16#5678_1234）。

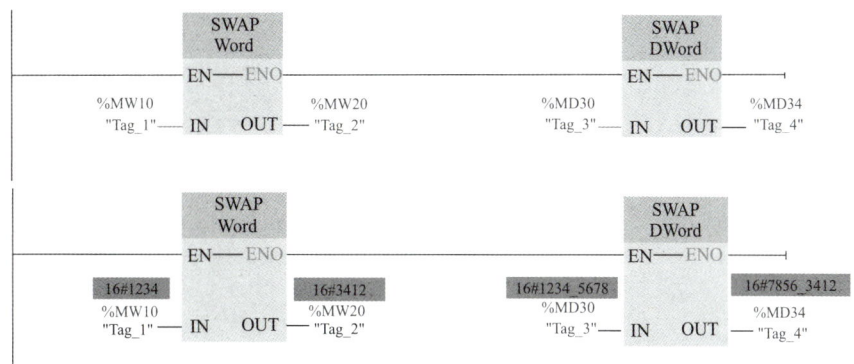

图 4-4　交换指令

4.3　移位指令

移位指令有左移指令（SHL）、右移指令（SHR）、循环左移指令（ROL）和循环右移指令（ROR）4 种，如图 4-5 所示。使用移位指令时，要分清移位的数据类型。

扫一扫

扫码查看移位与
循环移位指令

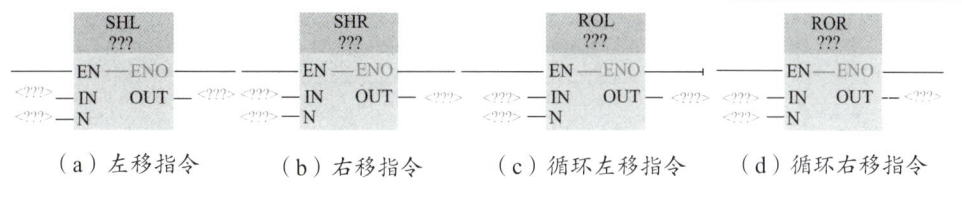

（a）左移指令　　　（b）右移指令　　　（c）循环左移指令　　　（d）循环右移指令

图 4-5　移位指令

1. 按位移位指令

左移指令（SHL）和右移指令（SHR）将输入单元 IN 的值左移或右移 N 位，移位的结果保存到 OUT 单元中。对于无符号数，移位后空出位填 0；对于有符号数，左移后空出位填 0，右移后空出位用符号位填充（正数的符号位为 0，负数的符号位为 1）。移位指令 IN、OUT 的数据类型为 Byte、Word、DWord，N 的数据类型为 UInt。

左移指令（SHL）举例如图 4-6 所示。当 I0.0 信号为 1 时，执行左移操作，变量 MW10 的值左移 4 位，结果放在 MW40 中。如左移位过程中无错误出现，则 Q4.0 置 1。

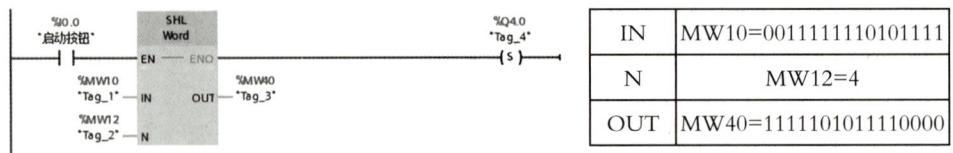

图 4-6　左移指令举例

右移指令如图 4-7 所示。执行前 MW10=16#9228，右移 4 位后，把 MW10 的 16 位数，由高往低移 4 位，空位补 0，存入 MW10 中。执行结果为 MW10=16#0922。

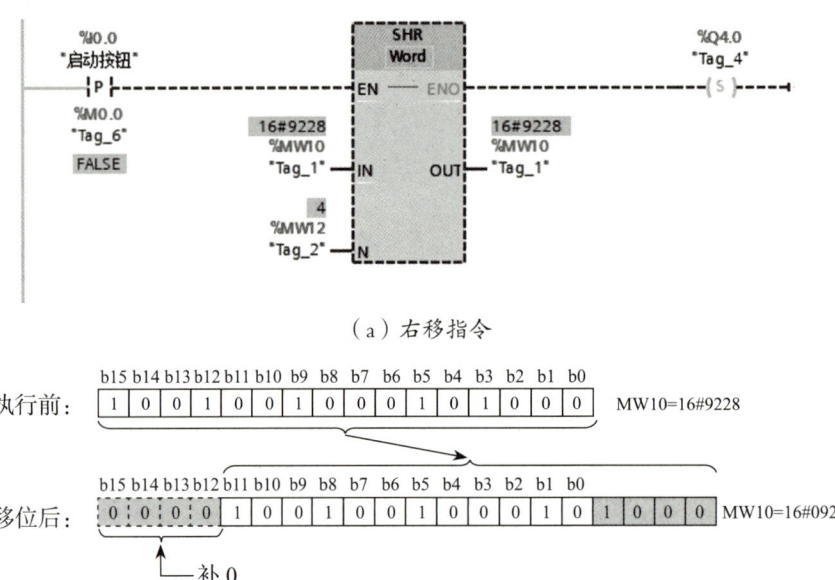

（a）右移指令

（b）右移指令执行

图 4-7　右移移位过程

右移指令（SHR）举例如图 4-8 所示。当 I0.0 信号为 1 时，执行右移操作，变量 MW10 的值右移 3 位，结果放在 MW40 中。如移位过程中无错误出现，则 Q4.0 置 1。

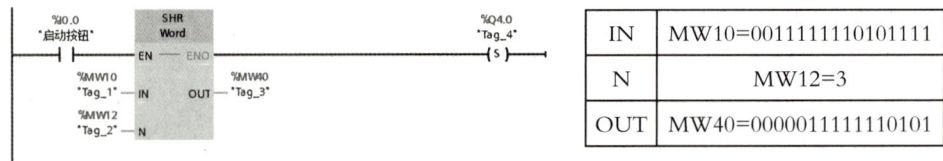

图 4-8　右移指令举例

2. 循环移位指令

循环左移指令（ROL）和循环右移指令（ROR）将输入参数 IN 指定的存储单元的整体内容逐位循环左移或循环右移 N 位，移出来的位会送回存储单元另一端空出来的位。移位的结果保存在输出参数 OUT 指定的地址中。移位位数 N 可以大于被移位存储单元的位数。

循环左移指令的移位过程如图 4-9 所示。循环左移指令执行前，MW10 存储器中的数据为 16#9A42，当 I0.0 启动按钮按下去提供上升沿的瞬间，MW10 中的数据循环左移 1 位，结果放在 MW12 中，循环移位的结果为 16#3485，如移位过程中无错误出现，则 Q4.0 置 1。

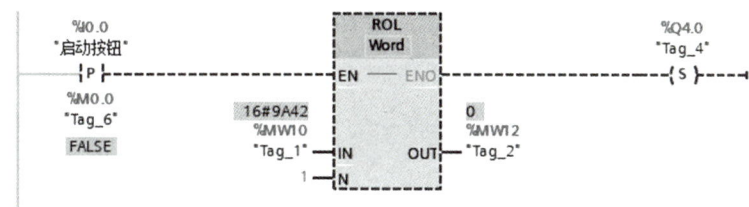

（a）循环左移指令执行前

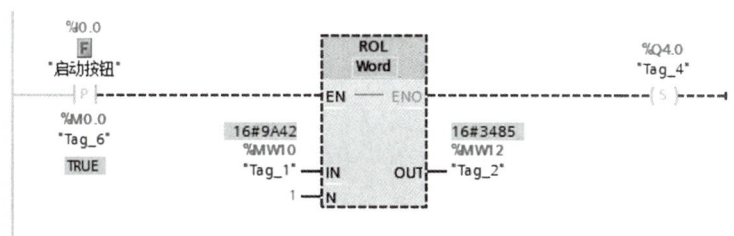

（b）循环左移指令执行后

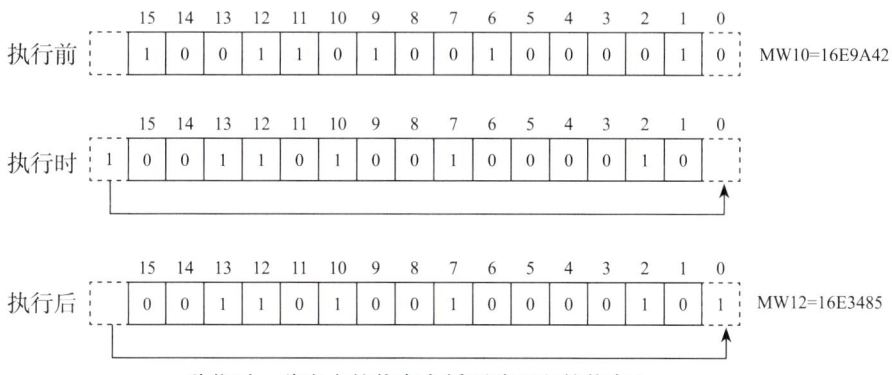

移位时，移出去的状态会循环移至空的状态上

（c）循环左移指令移位过程

图 4-9　循环左移指令

循环左移指令举例如图 4-10 所示。当 I0.0 信号为 1 时，执行循环左移操作，变量 MW10 的值左移 5 位，结果放在 MW40 中。如移位过程中无错误出现，则 Q4.0 置 1。

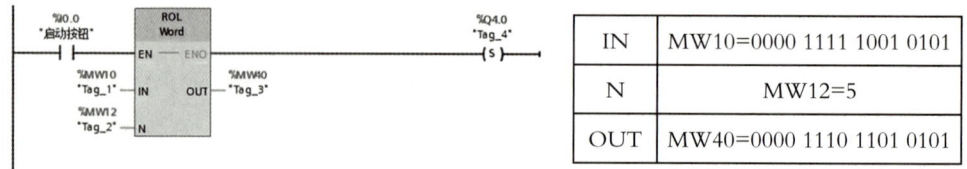

IN	MW10=0000 1111 1001 0101
N	MW12=5
OUT	MW40=0000 1110 1101 0101

图 4-10　循环左移指令举例

循环右移指令举例如图 4-11 所示。当 I0.0 信号为 1 时，执行循环右移操作，变量 MW10 的值右移 5 位，结果放在 MW40 中。如移位过程中无错误出现，则 Q4.0 置 1。

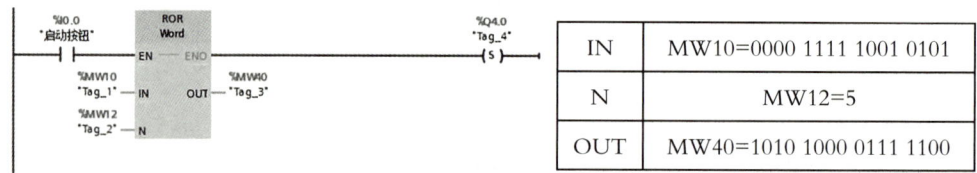

IN	MW10=0000 1111 1001 0101
N	MW12=5
OUT	MW40=1010 1000 0111 1100

图 4-11　循环右移指令举例

【例】系统存储器字节和时钟存储器字节分别设为 MB1 和 MB0。M1.0 为首次扫描常开触点接通的信号，M0.5 为周期为 1 s 的时钟存储器位。要求按下开关 I0.0，使 QB0 字节所连接的 8 盏灯按照 L0、L1 ～ L7 的顺序点亮，每隔 1 s 亮一盏灯，如此循环。关闭开关 I0.0，停止工作。程序设计如图 4-12 所示。

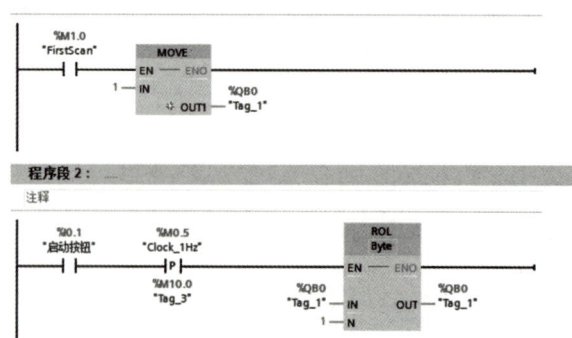

图 4-12　8 盏灯循环点亮梯形图

实现的功能为：程序段 1，当按下 I0.0，为 QB0 赋初值 1，使最低位灯点亮。程序段 2，M0.5 可提供周期为 1 s 的脉冲信号，QB0 中的输出位每秒钟向左循环移动 1 位，即每隔 1 s 亮一盏灯，持续循环。

扫一扫

扫码查看移位指令的使用练习

任务实施 **基于传送指令的彩灯闪烁控制**

任务分析：如图 4-13 所示，有 8 个彩灯，用一个字节 QB0 表示，按下按钮 I0.1 时，偶数位的灯亮；按下按钮 I0.2 时，奇数位的灯亮；按下按钮 I0.0 时，全部灯熄灭。

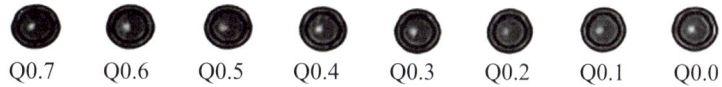

| Q0.7 | Q0.6 | Q0.5 | Q0.4 | Q0.3 | Q0.2 | Q0.1 | Q0.0 |

图 4-13　8 位彩灯示意图

任务实施：偶数位灯亮时，QB0=01010101，如表 4-2 所示，用十进制表示为 10#55；奇数位灯亮时，QB0=10101010，如表 4-3 所示，用十进制表示为 10#170。在数据赋值传送时，可以用二进制，也可以用十进制。

表 4-2　字节分解位（偶）

端子	Q0.7	Q0.6	Q0.5	Q0.4	Q0.3	Q0.2	Q0.1	Q0.0
值	0	1	0	1	0	1	0	1

表 4-3　字节分解位（奇）

端子	Q0.7	Q0.6	Q0.5	Q0.4	Q0.3	Q0.2	Q0.1	Q0.0
值	1	0	1	0	1	0	1	0

彩灯闪烁控制程序如图 4-14 所示。

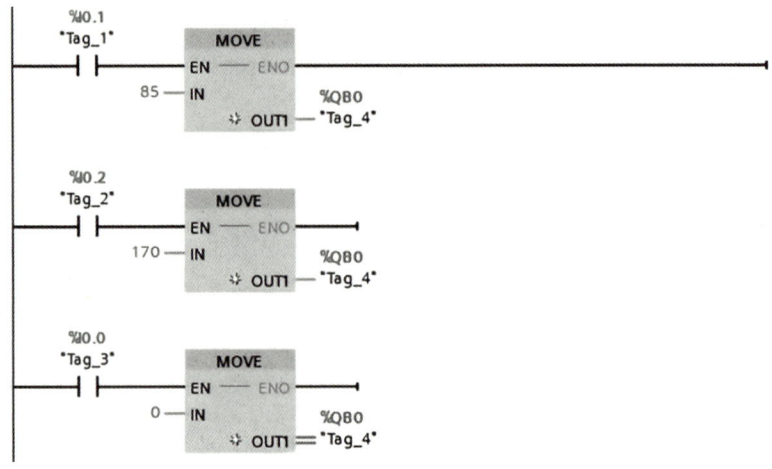

图 4-14　彩灯闪烁程序梯形图

 **任务拓展** 　9 s 倒计时控制

任务要求：使用 S7-1200 PLC 实现 9 s 倒计时控制。要求按下启动按钮后，数码管上显示 9；松开启动按钮后，数码管上显示值每秒递减，减到 0 时停止；无论何时按下停止按钮，数码管显示 0；再次按下启动按钮，数码管上的显示值依然从数字 9 开始递减。

任务分析：需要将 N 位数通过数码管显示时，若每个数码管都占用 PLC 的 7 个或 8 个（8 段数码管）输出端，则需要扩展 PLC 的数字量模块，系统成本较高。可通过以下方法解决：先将要显示的数据除以 10 以分离最高位（商），再将余数除以 10 以分离出次高位（商），如此往下分离。这时如果仍用数码管显示，则必然要占用很多输出点。一方面可以通过扩展 PLC 的输出，另一方面可采用 CD4513 芯片。通过扩展 PLC 的输出必然增加系统硬件成本，还会增加系统的故障率，而用 CD4513 芯片则为优选。CD4513 的数据输入端 A ～ D 共用 PLC 的 4 个输出端，其中 A 为最低位，D 为最高位。LE 是锁存使能输入端，在 LE 信号的上升沿将数据输入端输入的 BCD 数锁存在片内的寄存器中，并将该数译码后显示出来。CD4513 芯片占用 PLC 的输出点位少，且价格低廉、稳定性强。CD4513 驱动多个数码管的电路图如图 4-15 所示。

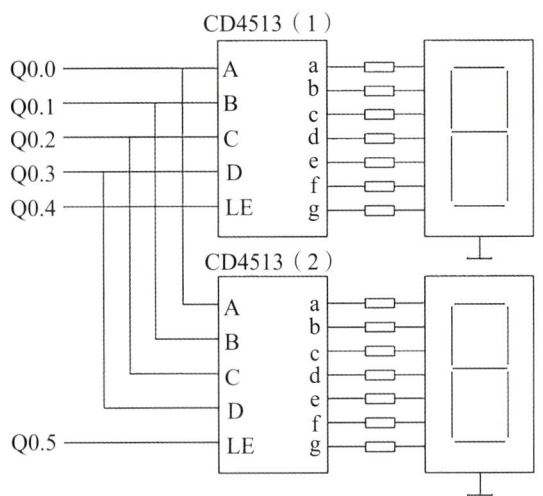

图 4-15　CD4513 驱动多个数码管的电路图

1. I/O 分配

根据 PLC 输入 / 输出点分配原则及任务控制要求，可知本任务的输入点为启动和停止按钮，输出为 1 个数码管，可使用七段共阴极数码管，据此对本任务进行 I/O 端口分配，如表 4-4 所示。

表 4-4　I/O 端口分配

输入		输出	
输入继电器	元器件	输出继电器	说明
I0.0	启动按钮 SB1	Q0.0	数码管显示 a 段
I0.1	停止按钮 SB2	Q0.1	数码管显示 b 段
		Q0.2	数码管显示 c 段
		Q0.3	数码管显示 d 段
		Q0.4	数码管显示 e 段
		Q0.5	数码管显示 f 段
		Q0.6	数码管显示 g 段

2. I/O 接线图

根据控制要求及 I/O 端口分配表，9 s 倒计时 PLC 控制的 I/O 接线图如图 4-16 所示。

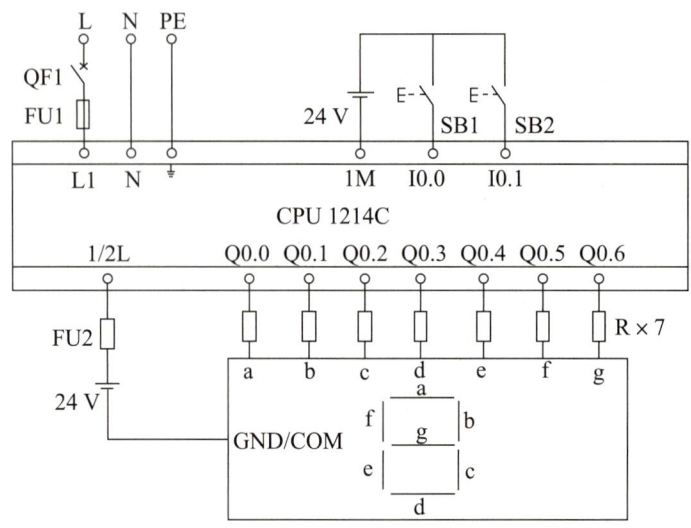

图 4-16　9 s 倒计时 PLC 控制的 I/O 接线图

3．创建工程项目

打开博途编程软件，在 Portal 视图中选择"创建新项目"，输入项目名称"D_djs"，选择项目保存路径，然后单击"创建"按钮完成项目的创建，并进行项目的硬件组态。

4．编辑变量表

本任务变量表如图 4-17 所示。

	名称	变量表	数据类型	地址	保持	从 H...	从 H...	在 H...
	启动按钮SB1	默认变量表	Bool	%I0.0	☐	☑	☑	☑
	停止按钮SB2	默认变量表	Bool	%I0.1	☐	☑	☑	☑
	数码管显示a段	默认变量表	Bool	%Q0.0	☐	☑	☑	☑
	数码管显示b段	默认变量表	Bool	%Q0.1	☐	☑	☑	☑
	数码管显示c段	默认变量表	Bool	%Q0.2	☐	☑	☑	☑
	数码管显示d段	默认变量表	Bool	%Q0.3	☐	☑	☑	☑
	数码管显示e段	默认变量表	Bool	%Q0.4	☐	☑	☑	☑
	数码管显示f段	默认变量表	Bool	%Q0.5	☐	☑	☑	☑
	数码管显示g段	默认变量表	Bool	%Q0.6	☐	☑	☑	☑

图 4-17　变量表

5．编写程序

S7-1200 PLC 中没有段译码指令，在数码显示时只能使用按字符驱动或按段驱动。按字符驱动，即需要显示什么字符就发送相应的显示代码，如显示"2"，则驱动代码为 2#01011011（共阴接法，对应段为 1 时亮）；按段驱动数码管就是直接以点动的形式驱动相应数码管所连接的 PLC 输出端。本任务采用按字符驱动，具体程序如图 4-18 所示。

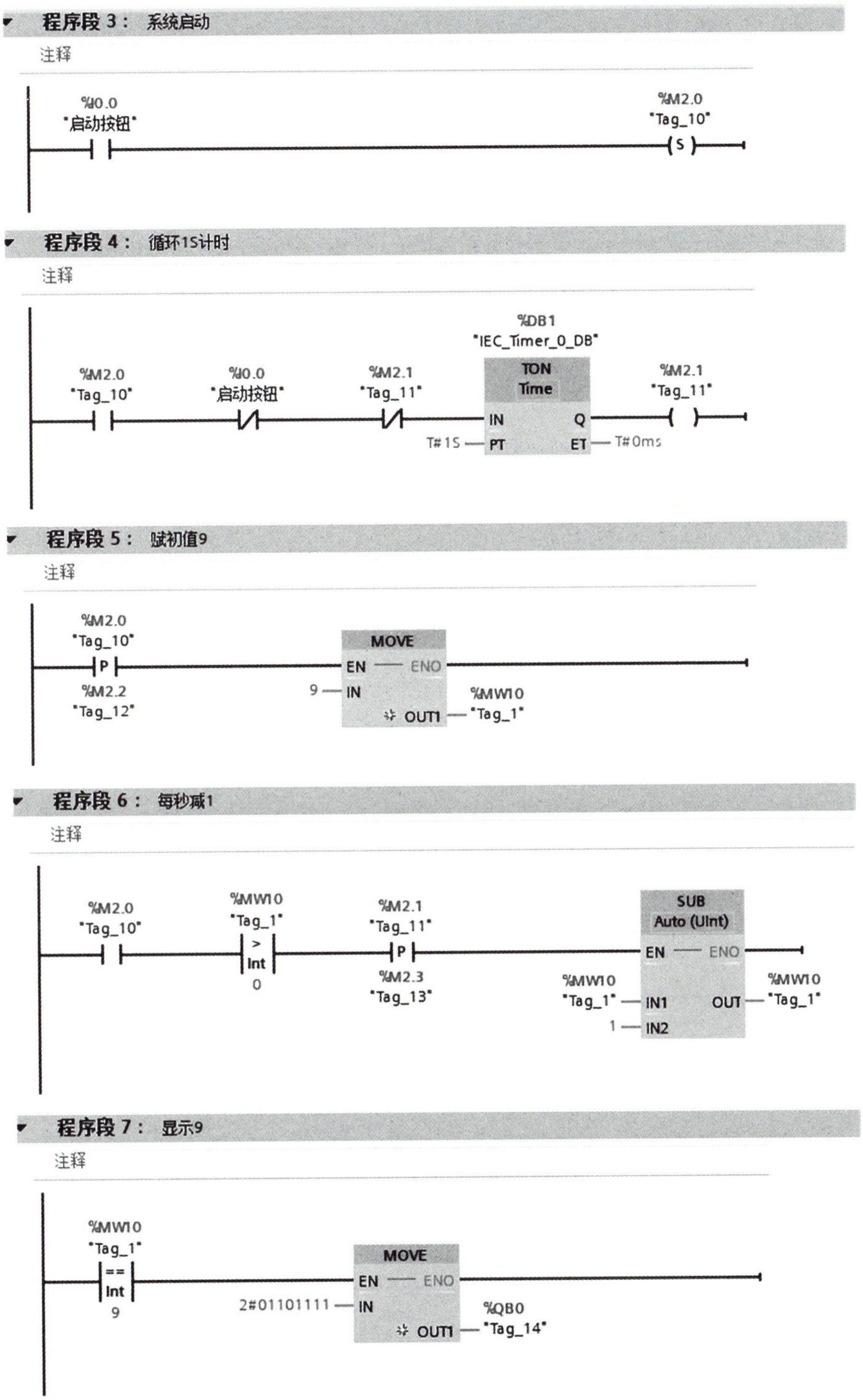

▼ **程序段 3：系统启动**

注释

```
    %I0.0                                                      %M2.0
   "启动按钮"                                                   "Tag_10"
─────┤ ├──────────────────────────────────────────────────────( S )──────
```

▼ **程序段 4：循环1S计时**

注释

```
                                                      %DB1
                                                "IEC_Timer_0_DB"
                                                     TON
    %M2.0        %I0.0        %M2.1                   Time              %M2.1
   "Tag_10"     "启动按钮"    "Tag_11"                                  "Tag_11"
─────┤ ├─────────┤/├──────────┤/├────────────IN      Q───────────────────( )──────
                                       T#1S──PT      ET──T#0ms
```

▼ **程序段 5：赋初值9**

注释

```
    %M2.0
   "Tag_10"                          MOVE
─────┤P├─────────────────────────EN    ENO──────────────────────────────────
    %M2.2                      9──IN                  %MW10
   "Tag_12"                          ❖ OUT1──────────"Tag_1"
```

▼ **程序段 6：每秒减1**

注释

```
                                                          SUB
                                                       Auto (UInt)
    %M2.0       %MW10        %M2.1
   "Tag_10"    "Tag_1"       "Tag_11"
─────┤ ├────────┤ > ├──────────┤P├──────────────────EN      ENO──────────
                  Int          %M2.3
                   0          "Tag_13"        %MW10
                                             "Tag_1"──IN1      OUT──"Tag_1"
                                                                      %MW10
                                                  1──IN2
```

▼ **程序段 7：显示9**

注释

```
    %MW10
   "Tag_1"                           MOVE
─────┤==├─────────────────────────EN    ENO──────────────────────────────────
     Int
      9          2#01101111──IN                    %QB0
                                    ❖ OUT1──────────"Tag_14"
```

图 4-18 9s 倒计时控制程序

145

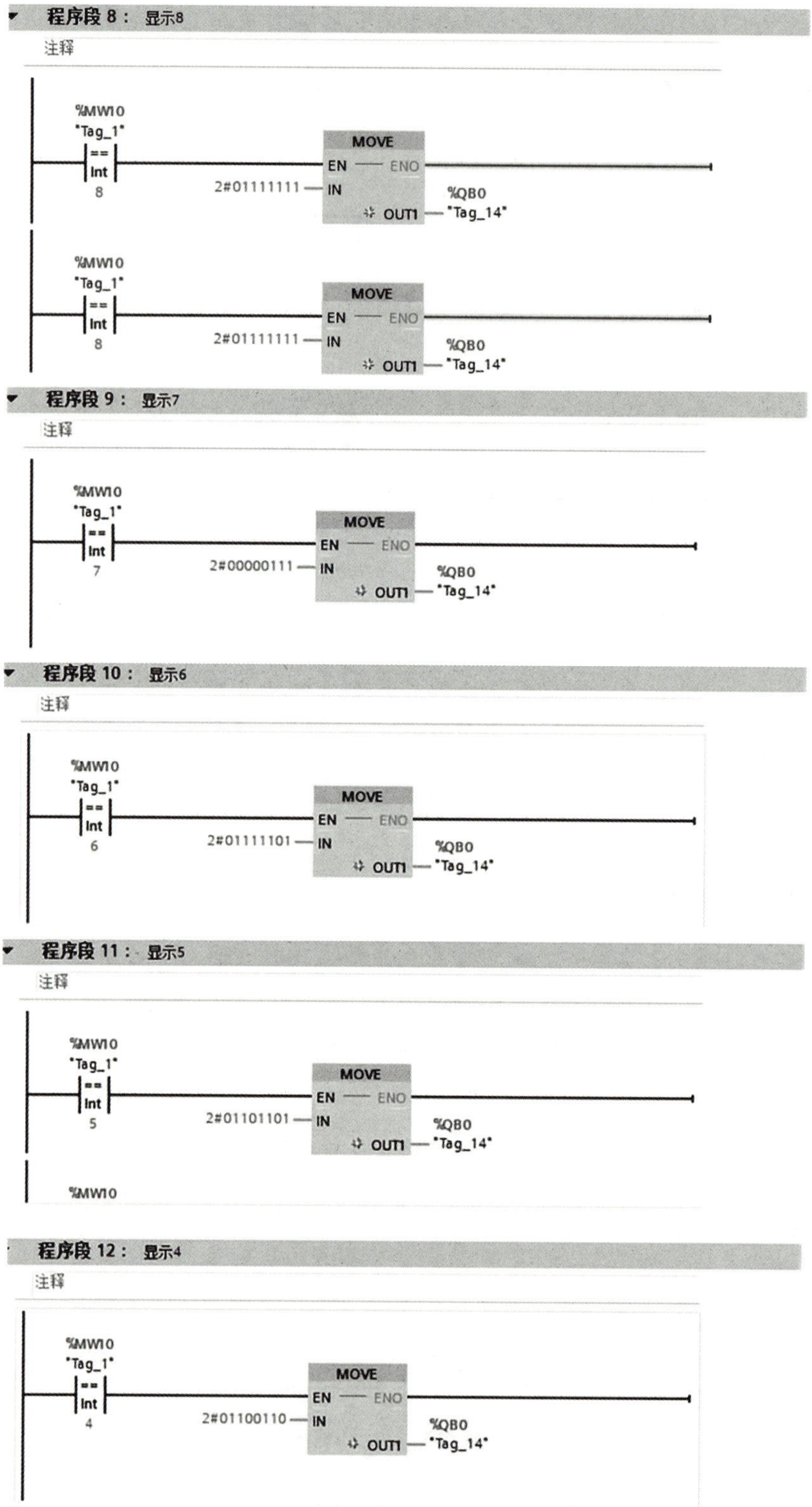
程序段 8： 显示8
注释
%MW10
"Tag_1"
==
Int
8
MOVE
EN ENO
2#01111111 IN
OUT1
%QB0
"Tag_14"
%MW10
"Tag_1"
==
Int
8
MOVE
EN ENO
2#01111111 IN
OUT1
%QB0
"Tag_14"
程序段 9： 显示7
注释
%MW10
"Tag_1"
==
Int
7
MOVE
EN ENO
2#00000111 IN
OUT1
%QB0
"Tag_14"
程序段 10： 显示6
注释
%MW10
"Tag_1"
==
Int
6
MOVE
EN ENO
2#01111101 IN
OUT1
%QB0
"Tag_14"
程序段 11： 显示5
注释
%MW10
"Tag_1"
==
Int
5
MOVE
EN ENO
2#01101101 IN
OUT1
%QB0
"Tag_14"
%MW10
程序段 12： 显示4
注释
%MW10
"Tag_1"
==
Int
4
MOVE
EN ENO
2#01100110 IN
OUT1
%QB0
"Tag_14"

图 4-18 （续 1）

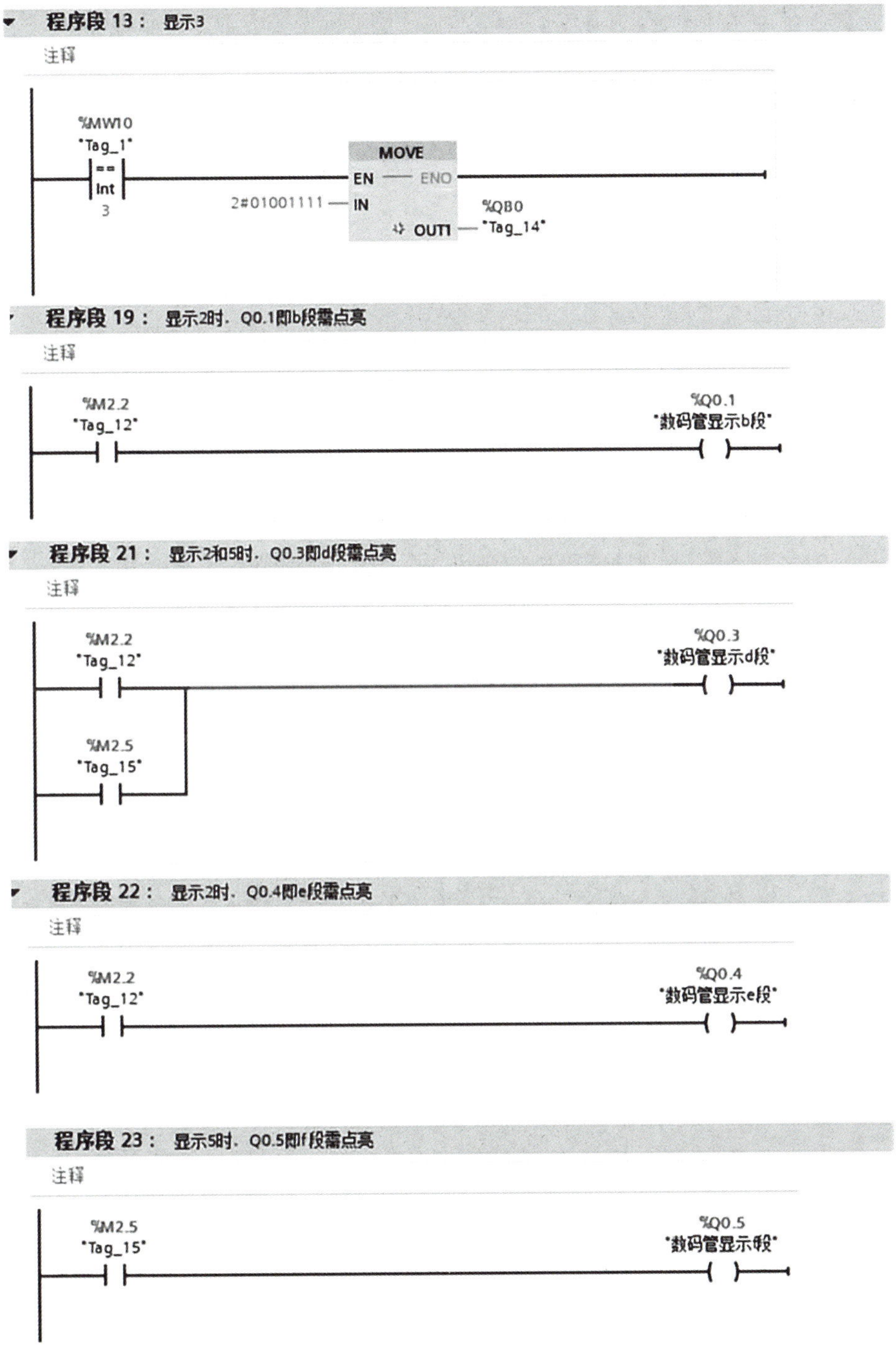

程序段 13： 显示3

注释

```
        %MW10
        "Tag_1"                      MOVE
          ==                     EN --- ENO
          Int        2#01001111 --- IN
           3                        ⟱ OUT1 --- %QB0
                                            "Tag_14"
```

程序段 19： 显示2时，Q0.1即b段需点亮

注释

```
        %M2.2                                         %Q0.1
       "Tag_12"                                   "数码管显示b段"
         ┤├                                           ( )
```

程序段 21： 显示2和5时，Q0.3即d段需点亮

注释

```
        %M2.2                                         %Q0.3
       "Tag_12"                                   "数码管显示d段"
         ┤├─────┬                                      ( )
                │
        %M2.5   │
       "Tag_15" │
         ┤├─────┘
```

程序段 22： 显示2时，Q0.4即e段需点亮

注释

```
        %M2.2                                         %Q0.4
       "Tag_12"                                   "数码管显示e段"
         ┤├                                           ( )
```

程序段 23： 显示5时，Q0.5即f段需点亮

注释

```
        %M2.5                                         %Q0.5
       "Tag_15"                                   "数码管显示f段"
         ┤├                                           ( )
```

图 4-18 （续 2）

图 4-18 　（续 3）

　　将调试好的用户程序及设备组态一起下载到 CPU 中，并连接好线路。按住启动按钮 SB1，观察此时 Q0.0 ～ Q0.6 灯的亮灭情况，显示的数字是否为 9；松开启动按钮 SB1 后，数码管上显示的数字是否从 9 开始间隔 1 s 依次递减，直到为 0。按下停止按钮 SB2 后，再次启动 9 s 倒计，在倒计时过程中，按下停止按钮 SB2 后，是否显示数字 0。若上述调试现象与控制要求一致，则说明本任务实现。

任务评价反馈单

学生任务分配实施单

任务名称		基于传送指令的彩灯闪烁控制		
班级		组号		指导教师
组长		学号		
组员	姓名		学号	
	姓名		学号	
	姓名		学号	
	姓名		学号	

分工（就组织讨论、工具准备、数据采集记录、安全监督、成果展示等工作内容进行任务分工）

实施步骤

（1）简述 PLC 的传送指令，分析比较几种传送指令。

（2）编程实现彩灯闪烁控制，观察并描述实验效果。

经验记录单

任务名称	基于传送指令的彩灯闪烁控制			
班级		姓名		指导教师
组长		组号		

总结与经验

实验过程中，出现了哪些问题？你是如何解决的？

问题 1:

解决方法:

问题 2:

解决方法:

问题 3:

解决方法:

各小组互评打分表

姓名		学号		班级		组别			
实训任务		基于传送指令的彩灯闪烁控制							
评价项目	分值	等级				评价对象（组别）			
		A	B	C	D	1	2	3	4	5	6	7	8
方案合理	20	20	15	10	5								
团队合作	20	20	15	10	5								
工作质量	20	20	15	10	5								
工作规范	20	20	15	10	5								
PPT/演示展示	20	20	15	10	5								
合计	100	各组得分											
总结与反思													

（如：任务实施过程中遇到了什么问题→如何解决／解决不了的原因→心得体会）

教师评价打分表

姓名			学号		班级		组别	
实训任务			基于传送指令的彩灯闪烁控制					
评价项目			评价标准				分值	得分
考勤（10%）			无迟到、早退和旷课的现象				10	
工作过程（60%）	知识目标	获取信息	掌握工作相关知识				10	
		进行表决	制订工作方案，方案合理可行				10	
	技能目标	任务实施	能够熟练操作博途软件				5	
			能够利用博途软件完成程序的编写与调试				5	
			能够利用博途软件进行程序的仿真与监控				5	
			软硬件结合，完成任务的控制与讲解演示				5	
	素养目标	工作态度	认真严谨、积极主动、安全生产、文明施工				5	
		团队合作	与小组成员、同学之间合作交流、协作工作				5	
		工作质量	按照工作方案操作，按计划完成工作任务				10	
项目成果（30%）		工作完整	能按时完成工作任务的所有环节				10	
		工作规范	实训过程中规范操作，避免意外事故的发生				10	
		汇报展示	能准确表达、汇报工作成果				10	
合计							100	
综合评价			学生评价（50%）		教师评价（50%）		综合得分	
综合评语			（作业过程中存在的问题及改进建议）					

任务4-2 基于比较指令的交通信号灯控制

任务描述

十字路口交通灯控制是生活中常见的控制项目。交通信号灯常用于十字路口，用来控制车辆的流量，提高交叉路口车辆的通行能力，减少交通事故。任务要求按下启动开关I0.0后，交通信号灯系统开始工作；南北方向按照绿灯亮28 s，黄灯闪烁3 s，红灯亮31 s的方式点亮；东西方向按照红灯亮31 s，绿灯亮28 s，黄灯闪烁3 s的方式进行工作；一个完整循环周期为62 s。

任务分析

十字路口交通灯控制是生活中常见的控制项目，同一项目控制要求可用不同方法实现。本书任务3-1的任务拓展中介绍了如何利用定时器指令法实现交通灯的控制。基于定时器指令法的交通灯控制，程序的可读性较低，新手不易上手，程序在后期的修改过程中难度较大。本任务利用比较指令法进行十字路口交通灯的程序设计。基于比较指令的编程思路更加清晰，程序的可读性强，程序设计更加简单方便。

知识链接

4.4 比较指令

1. 关系比较指令

比较指令用来比较数据类型相同的两个数 IN1 与 IN2 的大小，其实质是关系运算，包括 =（等于）、<>（不等于）、>（大于）、<（小于）、>=（大于等于）和 <=（小于等于），共6种，如图4-19所示。比较结果为 TRUE 时，触点将被激活或功能框输出为 TRUE 。

扫一扫

扫码查看数据比较
指令及应用

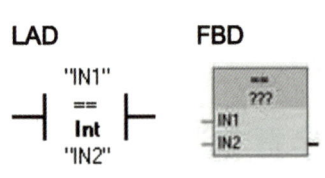

关系类型	满足以下条件时比较结果为真
==	IN1 等于 IN2
<>	IN1 不等于 IN2
>=	IN1 大于或等于 IN2
<=	IN1 小于或等于 IN2
>	IN1 大于 IN2
<	IN1 小于 IN2

图 4-19　比较指令关系类型

比较指令需要设置数据类型，包括 SInt、Int、DInt、USInt、UInt、UDInt、LReal、String、Char、Time、DTL 和常数等（如字 MW20 比较时用 Int，双字 MD40 比较时用 Real 或 DInt），如图 4-20 所示。比较结果是一个逻辑值（TRUE 或 FALSE）。若 LAD 中的触点比较结果为 TRUE，则该触点会被激活，有能流流过；若 LAD 中的触点比较结果为 FALSE，则该触点不能被激活，没有能流流过。在程序编辑器中单击比较指令后，可以从下拉菜单中选择比较关系类型（比较操作）和数据类型。

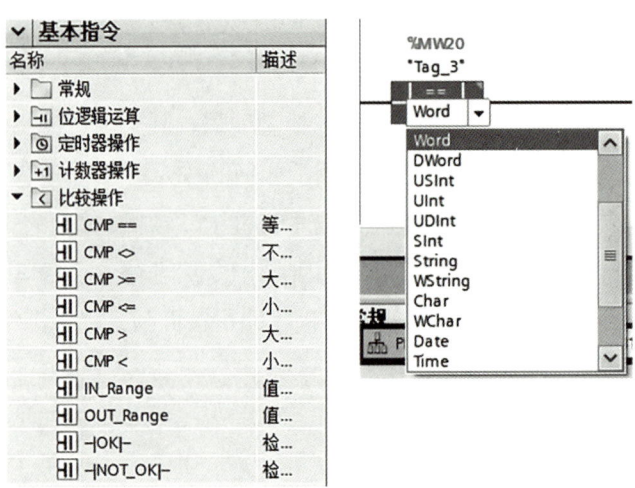

图 4-20　比较指令的数据类型

2. 范围内和范围外指令

范围内指令 IN_RANGE 和范围外指令 OUT_RANGE 可以等效为一个触点，用于测试输入值在指定值的范围之内还是之外。如果比较结果为 TRUE，则功能框输出为 TRUE。输入参数 MIN、VAL 和 MAX 的数据类型必须相同，可以为 SInt、Int、Dint、USint、UDInt、Real、LReal 和常数。范围内和范围外指令的符号如图 4-21 所示。

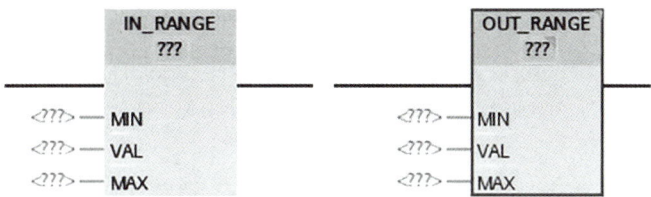

图 4-21 范围内和范围外指令的符号

满足条件 MIN<=VAL<=MAX 时 IN_RANGE 比较结果为真，满足条件 VAL<MIN 或 VAL>MAX 时 OUT_RANGE 比较结果为真，如表 4-6 所示。

表 4-6 范围内和范围外指令关系类型

关系类型	比较结果为 TRUE 时需满足的条件
IN_RANGE	MIN <= VAL <= MAX
OUT_RANGE	VAL< MIN 或 VAL>MAX

【例】脉冲发生器程序设计。

用接通延时定时器和比较指令组成占空比可调的脉冲发生器，如图 4-22 所示。当已消耗的时间大于 1 s 时输出 Q0.2 为 1，改变定时器的设定时间即可改变周期，改变比较指令的时间常量即可改变输出高电平的宽度。

程序段1：用定时器构成3 s的自复位电路，定时周期即为3 s。

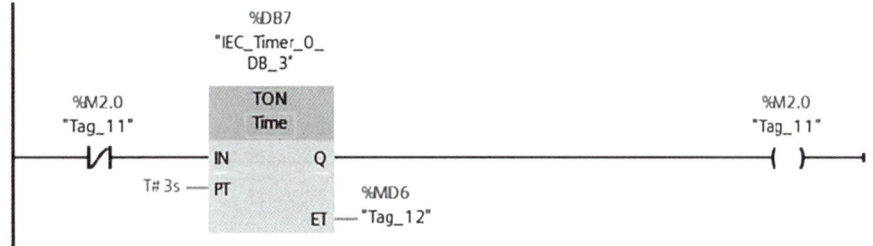

程序段2：用比较指令即可输出高电平，比较指令的数据类型是时间类型。

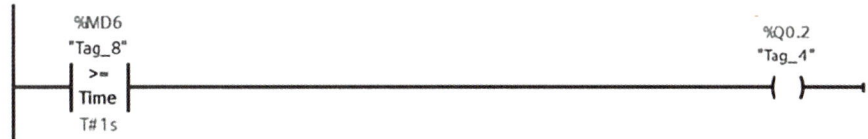

图 4-22 占空比可调的脉冲发生器梯形图

【例】用比较指令和计数器指令编写开关灯控制程序，要求灯控按钮 I0.0 按下一次灯 Q4.0 亮，按下两次灯 Q4.0、Q4.1 全亮，按下三次灯全灭，如此循环。

控制要求分析：常规的开关控制方式在控制周期内，其控制量只有两个状态——要么接通，为一个固定常数值；要么断开，控制量为零——这样固定不变的控制模式缺乏灵活性，不能满足现代智能开关控制的要求。智能开关利用控制器智能编程或电子元器件的组合实现电路的智能化开关控制。基于 PLC 的智能开关控制方式简单且易于实现，因此在工业、民用照明灯具和通路开关中被广泛采用。

智能开关灯的控制梯形图如图 4-23 所示。

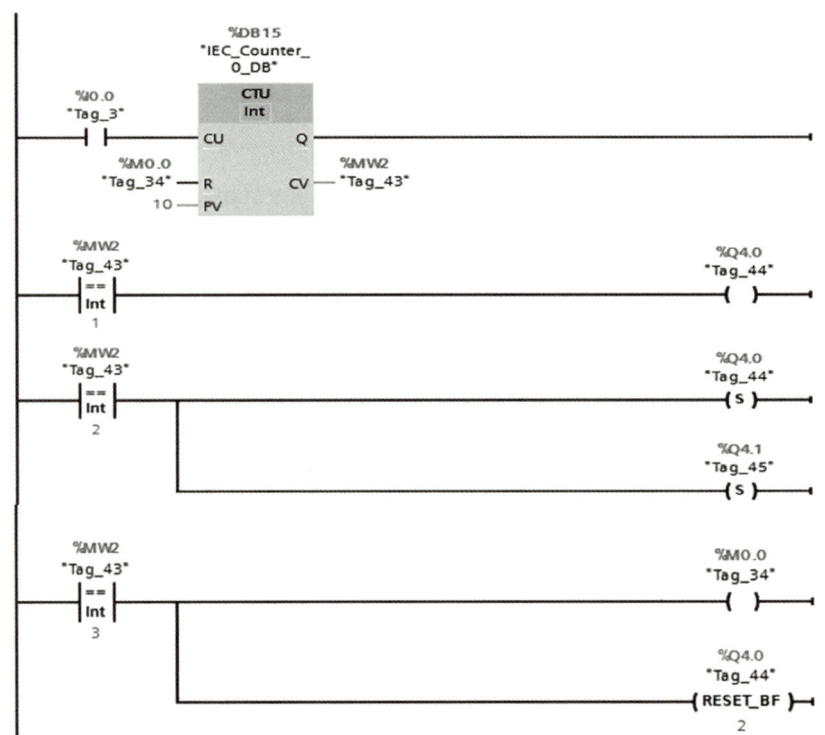

图 4-23　智能开关灯的控制梯形图

任务实施　基于比较法的交通灯控制

十字路口交通灯控制是生活中常见的控制项目，本任务采用比较指令的方法实现。交通灯控制要求如图 4-24 所示。

扫一扫

扫码查看十字路口
交通灯控制系统设计
——比较指令法

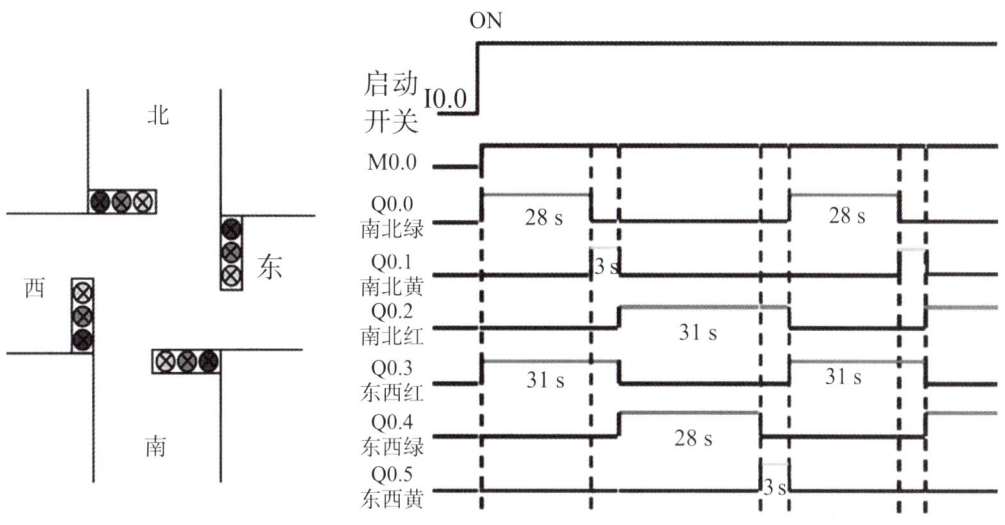

图 4-24　交通灯时序控制图

1.控制要求

按下启动开关 I0.0，交通信号灯系统开始工作；南北方向，按照绿灯亮 28 s，黄灯闪烁 3 s，红灯亮 31 s 的方式循环；东西方向，按照红灯亮 31 s，绿灯亮 28 s，黄灯闪烁 3 s 的方式循环。一个完整的循环周期为 62 s。

2.控制要求分析

控制要求分析如图 4-25 所示。南北方向，0～28 s，绿灯亮，28～31 s 黄灯闪烁，31～62 s 红灯亮；东西方向，0～31 s 红灯亮，31～59s 绿灯亮，59～62 s 黄灯闪烁。工作周期为 62 s。

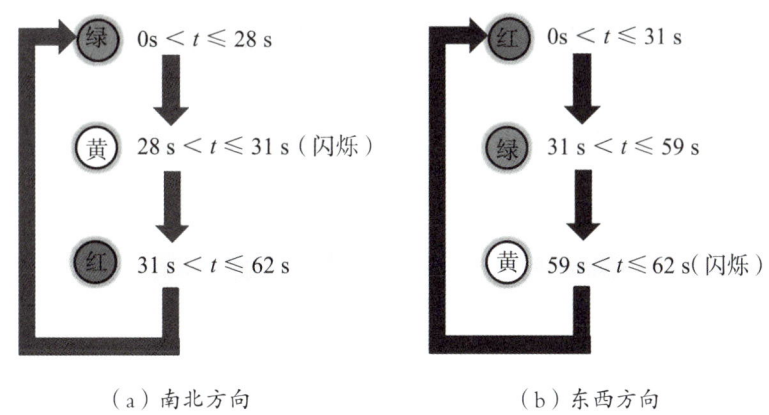

（a）南北方向　　　　　（b）东西方向

图 4-25　控制要求分析

3. 硬件设计

首先进行 I/O 端口分配，如表 4-7 所示。

表 4-7　交通灯控制 I/O 分配

输入		输出	
输入继电器	输入元件	输出继电器	输出元件
I0.0	开始按钮 SB1	Q0.0	南北方向绿灯 HL1
I0.1	停止按钮 SB2	Q0.1	南北方向黄灯 HL2
		Q0.2	南北方向红灯 HL3
		Q0.3	东西方向红灯 HL4
		Q0.4	东西方向黄灯 HL5
		Q0.5	东西方向绿灯 HL6

PLC 外部接线图如图 4-26 所示。

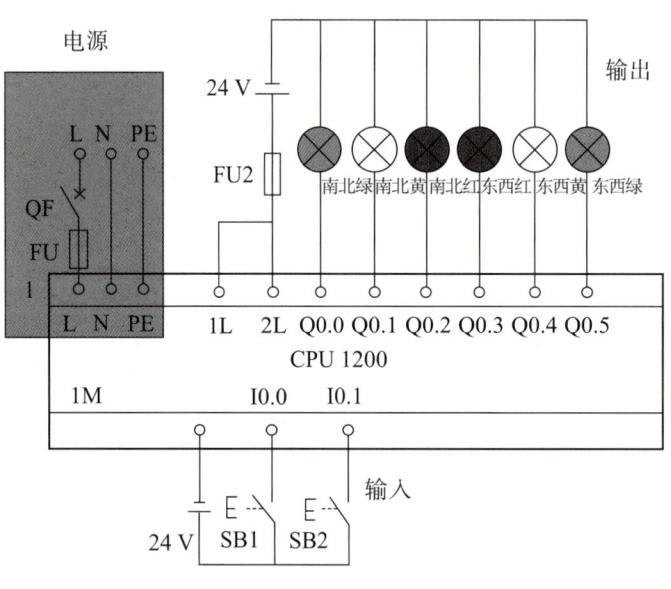

图 4-26　PLC 外部接线图

4. 软件设计

根据控制要求，十字路口交通灯程序设计如图 4-27 所示。

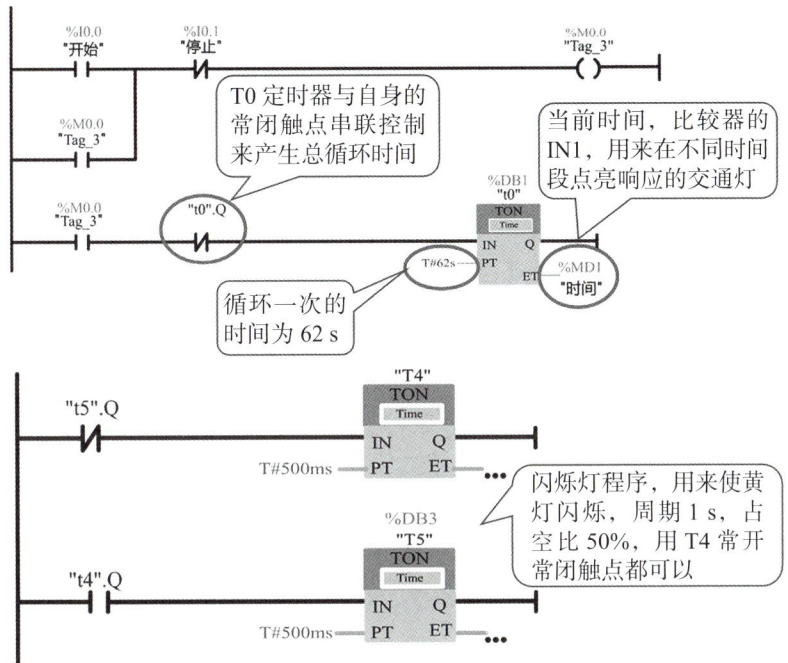

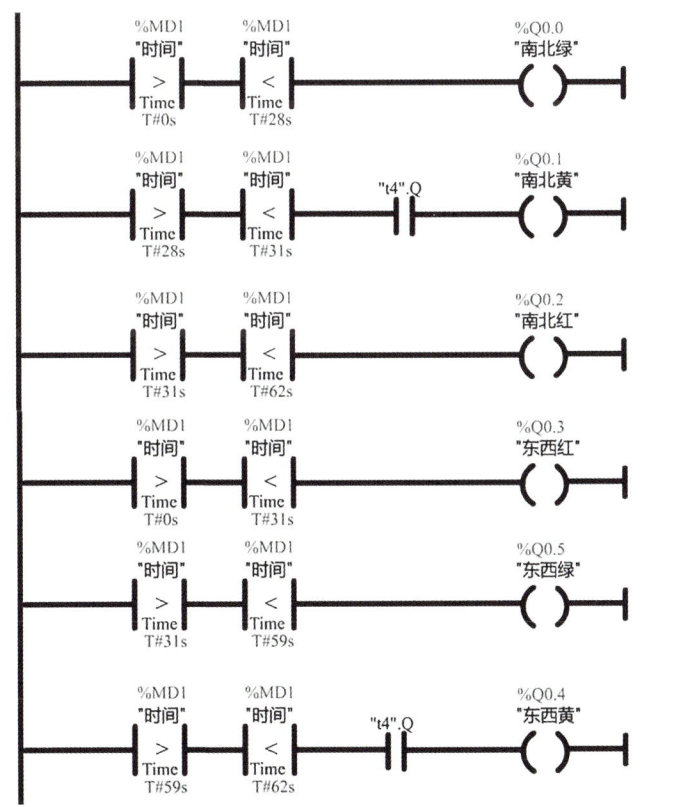

图 4-27 基于比较指令法的交通灯程序设计

对于十字路口交通信号灯项目，可以采用定时器法、比较指令法等多种方法。在交通信号灯控制项目中，采用定时器法时需注意多个定时器的应用；而比较指令法的编程思路更加清晰，程序的可读性强，程序设计更加简单方便。

多法并行，遇阻求变

在十字路口交通信号灯项目的软件程序设计过程中，可以用定时器指令实现，也可以用比较指令实现。在学习和工作中，要坚信办法总比困难多，可以采用多种方法实现同样的功能。遭遇问题时切不可轻易言弃，当一条路走不通时，不妨转换思维方式、改变想法，或许便能迎来柳暗花明的全新局面。

任务拓展 　**利用比较指令实现彩灯顺序控制**

任务要求：用比较指令实现彩灯按顺序亮灭——启动时 Q0.0 亮，5 s 后 Q0.1 亮，10 ~ 15 s Q0.2 亮，15 s 后 Q0.1 灭，20 s 后 Q0.0、Q0.1、Q0.2 全灭。

（1）确定 I/O 端口分配，如表 4-8 所示。

表 4-8　I/O 分配表

输入		输出	
输入继电器	元器件	输出继电器	元器件
I0.0	启动按钮	Q0.0	彩灯 1
		Q0.1	彩灯 2
		Q0.2	彩灯 3

（2）编写梯形图程序，利用比较指令实现彩灯按照顺序控制亮灭的梯形图如图 4-28 所示。

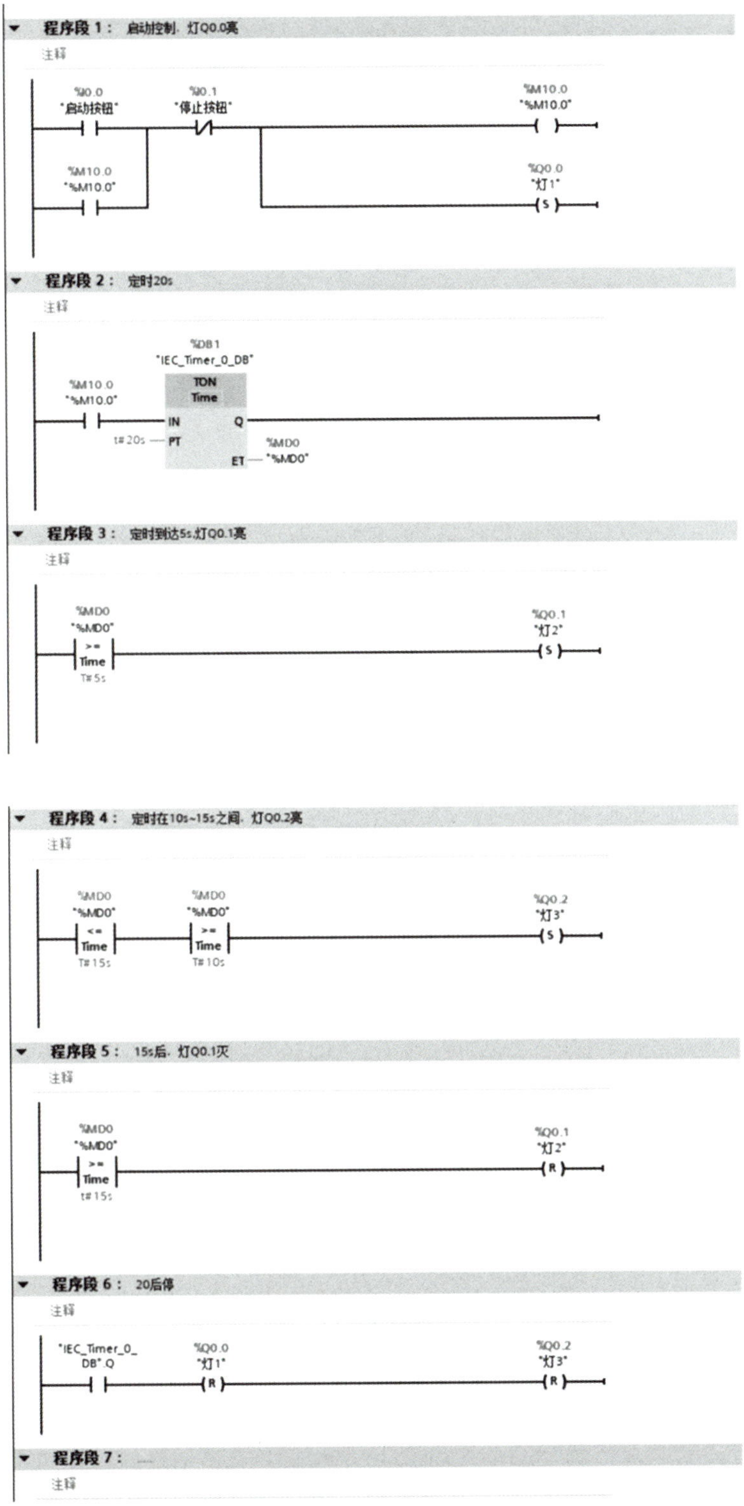

图 4-28　用比较指令实现彩灯按顺序亮灭的梯形图

任务评价反馈单

学生任务分配实施单

任务名称			基于比较指令的交通信号灯控制		
班级		组号		指导教师	
组长		学号			
组员	姓名		学号		
	姓名		学号		
	姓名		学号		
	姓名		学号		

分工（就组织讨论、工具准备、数据采集记录、安全监督、成果展示等工作内容进行任务分工）

		实施步骤			

（1）打开博途软件，亲身实践，编写基于比较指令的交通灯控制和智能开关灯程序。

（2）将交通灯控制和智能开关灯控制程序下载到电脑博途软件，进行仿真调试，观察并描述实验效果。

经验记录单

任务名称	基于比较指令的交通信号灯控制			
班级		姓名		指导教师
组长		组号		

总结与经验

实验过程中，出现了哪些问题？你是如何解决的？

问题 1：

解决方法：

问题 2：

解决方法：

问题 3：

解决方法：

各小组互评打分表

姓名		学号		班级		组别	
实训任务		基于比较指令的交通信号灯控制					

评价项目	分值	等级				评价对象（组别）							
		A	B	C	D	1	2	3	4	5	6	7	8
方案合理	20	20	15	10	5								
团队合作	20	20	15	10	5								
工作质量	20	20	15	10	5								
工作规范	20	20	15	10	5								
PPT/演示展示	20	20	15	10	5								
合计	100	各组得分											

总结与反思
（如：任务实施过程中遇到了什么问题→如何解决／解决不了的原因→心得体会）

教师评价打分表

姓名			学号		班级		组别	
实训任务			基于比较指令的交通信号灯控制					
评价项目			评价标准				分值	得分
考勤（10%）			无迟到、早退和旷课的现象				10	
工作过程（60%）	知识目标	获取信息	掌握工作相关知识				10	
		进行表决	制订工作方案，方案合理可行				10	
	技能目标	任务实施	能够熟练操作博途软件				5	
			能够利用博途软件完成程序的编写与调试				5	
			能够利用博途软件进行程序的仿真与监控				5	
			软硬件结合，完成任务的控制与讲解演示				5	
	素养目标	工作态度	认真严谨、积极主动、安全生产、文明施工				5	
		团队合作	与小组成员、同学之间合作交流、协作工作				5	
		工作质量	按照工作方案操作，按计划完成工作任务				10	
项目成果（30%）		工作完整	能按时完成工作任务的所有环节				10	
		工作规范	实训过程中规范操作，避免意外事故的发生				10	
		汇报展示	能准确表达、汇报工作成果				10	
合计							100	
综合评价			学生评价（50%）		教师评价（50%）		综合得分	
综合评语			（作业过程中存在的问题及改进建议）					

任务 4-3　基于数据运算指令的压力数值转换

任务描述

本任务利用数据运算指令实现恒压供水系统中压力数值的采集和转换。为了满足需求，实现过程控制、数据处理等，需要算术运算、逻辑运算和转换等特殊功能。某恒压供水系统如图4-29所示。该供水系统远程压力变送器的量程为0～10 MPa，输出信号为0～10 V电压信号，被PLC模拟量通道IW64转换为0～27 648的数字量N。试求以kPa为单位的压力值为多少。

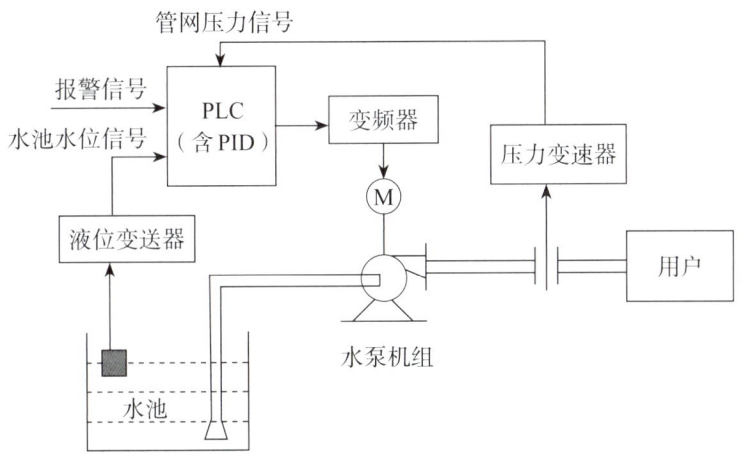

图 4-29　恒压供水系统的压力监测示意图

任务分析

在PLC的使用过程中，能否熟练应用各种指令至关重要。对于指令掌握的熟练度也就决定了编程的准确性、可靠性及编程效率。下面将介绍的数学函数指令在工业生产中应用非常广泛，例如模拟量转换为数字量的公式、编码器编码值的计算、位置计算，等等，其中最常用的还是四则运算指令，主要包括加法、减法指令，乘法、除法指令，取余数指令和计算指令（可自定义公式）等。

4.5　加法指令

加法（ADD）指令如图 4-30 所示。S7-1200 的 ADD 指令可以从博途软件主界面右边指令窗口的"基本指令"→"数学函数"中直接添加。ADD 指令可将输入 IN1 与 IN2 的值相加，并在输出 OUT 处查询总和（OUT=IN1+IN2）。

扫一扫

扫码查看算术运算指令及应用

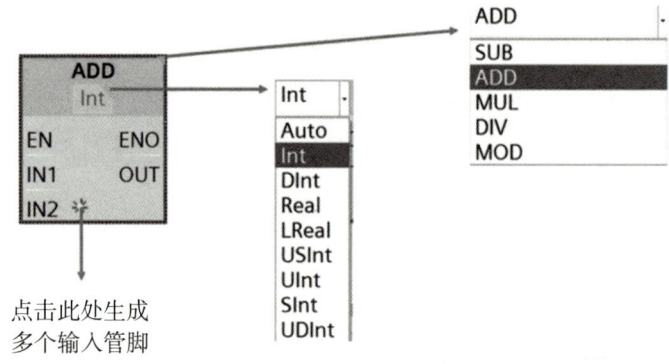

图 4-30　加法指令

在初始状态下，指令框中至少包含两个输入（IN1 和 IN2），单击图符可扩展输入数目，并在功能框中按升序对插入的输入进行编号，执行该指令时，会将所有可用输入参数的值相加，并将求得的和存储在输出 OUT 中。

4.6　减法指令

减法（SUB）指令如图 4-31 所示。SUB 指令从输入 IN1 的值中减去输入 IN2 的值，并在输出 OUT 处查询差值（OUT=IN1-IN2）。SUB 指令的参数与 ADD 指令相似。

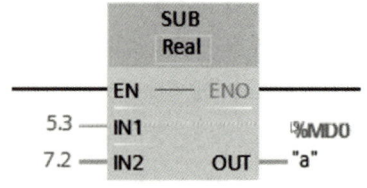

图 4-31　减法指令

4.7　乘法指令

乘法（MUL）指令如图4-32所示。MUL指令将输入IN1的值乘以输入IN2的值，并在输出OUT处查询乘积（OUT=IN1*IN2）。同ADD指令一样，MUL指令可以在指令功能框中展开输入的数字，并在功能框中以升序对插入的输入进行编号。

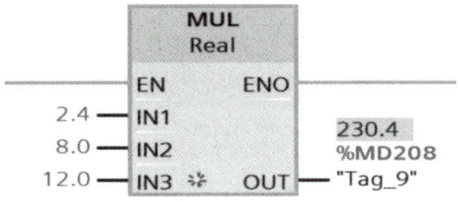

图4-32　乘法指令

4.8　除法指令

除法（DIV）指令如图4-33所示。DIV指令用输入IN1的值除以输入IN2的值，并将除得的商保存在输出OUT指定的寄存器中，余数则被忽略。如果需要求余数需使用MOD指令。

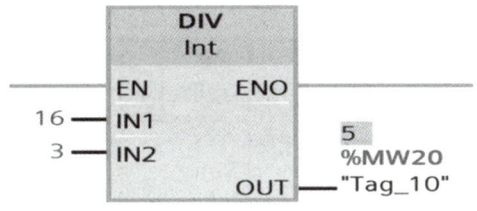

图4-33　除法指令

【例】温度传感器将采集到的温度值转换为电压信号输入给PLC，温度测量范围是0～100，数值经过模拟量通道0（地址为IW64）A/D转换为0～27 648的数值。假设转换后的数字量为T，试求其对应的温度值。

解：在编辑指令时，为了保证运算精度，应先乘后除，转换公式为

$$T = \frac{IW64}{27\ 648} \times 100$$

由于公式中IW64乘以100的运算结果可能会大于16位整数的最大值32 767（IW64为16位存储器），因此应将IW64中的数值数据类型转换为实数再进行乘

除运算。程序如图 4-34 所示。

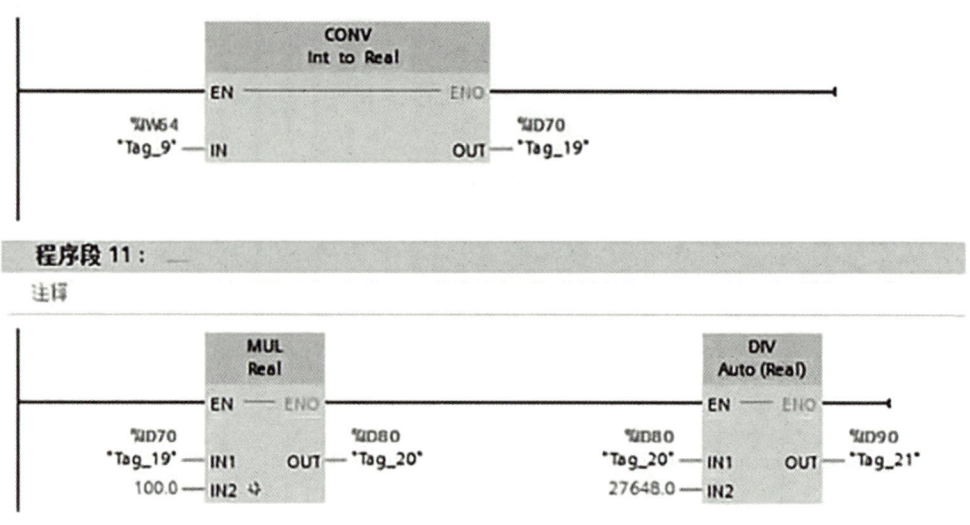

图 4-34　乘除运算指令举例

4.9　递增指令

递增（INC）指令如图 4-35 所示。执行递增指令时，参数 IN/OUT 的值被加 1。

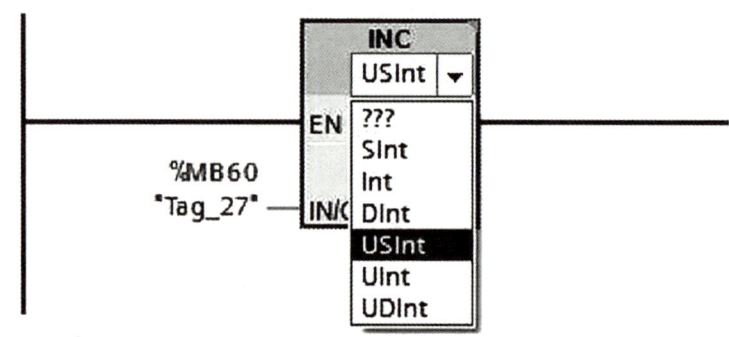

图 4-35　递增指令

【例】用一个点动按键作为 PLC 的输入信号，记录按键点动的次数并存储在地址 MB20 中，可以用 INC 指令来检测 I0.0 按键动作的次数。应在 INC 的使能输入端接检测能流上升沿的 P_TRIG 指令，否则在 I0.0 状态为 1 的每一个循环扫描周期，MB20 都要被累加 1。程序设计如图 4-36 所示。

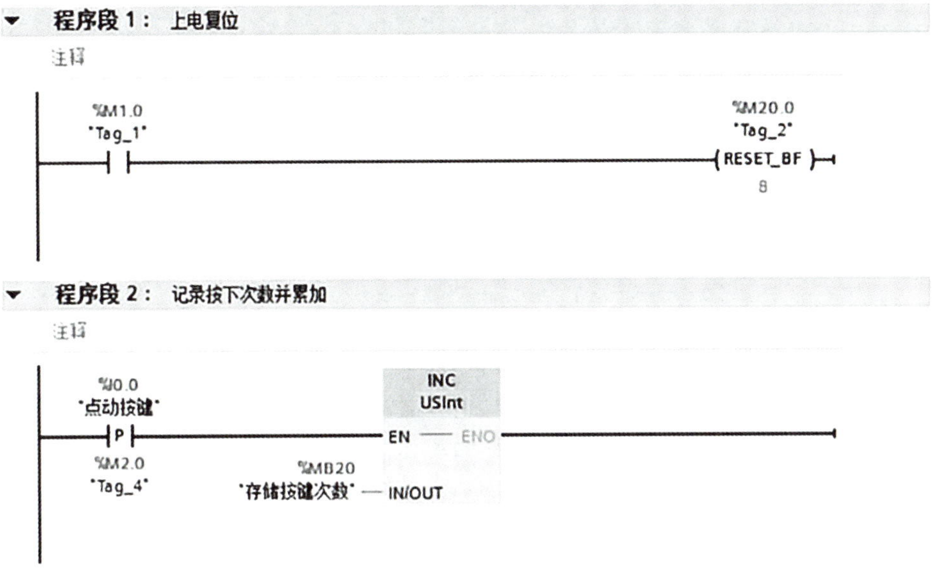

程序段 1：　上电复位
注释
%M1.0
"Tag_1"
%M20.0
"Tag_2"
RESET_BF
8
程序段 2：　记录按下次数并累加
注释
%I0.0
"点动按键"
P
%M2.0
"Tag_4"
INC
USInt
EN
ENO
%MB20
"存储按键次数"
IN/OUT

图 4-36　递增指令程序举例

任务实施　利用运算指令实现压力数值转换

任务分析：模拟量信号是自动化过程控制系统中最基本的过程信号（压力、温度、流量等）输入形式。系统中的过程信号通过变送器被转换为统一的电压、电流信号，并被实时地传送至控制器（PLC）；PLC 通过计算转换，将这些模拟量信号转换为内部的数值信号；从而实现系统的监控及控制。

任务实施：压力变送器的量程为 0 ～ 10 MPa，输出信号为 0 ～ 10 V，通过 PLC 的 A/D 模块转换为 0 ～ 27 648 的数字量 N，试求以 kPa 为单位的压力值。压力与电压的关系如图 4-37（a）所示，电压与数字量的关系如图 4-37（b）所示。

10 MPa
P
0
U
10 V
(a)
27 648
N
0
U
10 V
(b)

图 4-37　压力、电压与数字量的关系

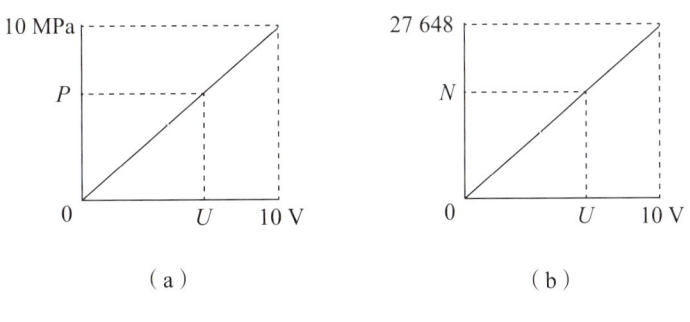

从图 4-37 中，可得出下列转换公式：

$$P = \frac{10\ 000\ N}{27\ 648}\ \ \text{kPa}$$

I/O 接线图如图 4-38 所示，注意压力变送器接在模拟量输入通道里，其地址是 IW64，这个地址是组态时设定的地址。

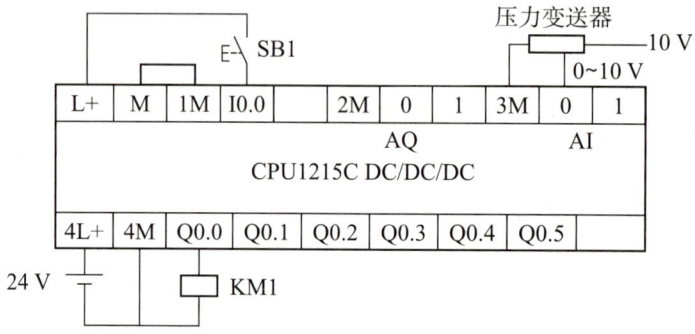

图 4-38 I/O 接线图

梯形图如图 4-39 所示，临时变量"#Temp"的数据类型为 DInt，在运算时一定要先乘后除，应使用双整数乘法和除法。为此应先用 CONV 指令将 IW64 转换为双整数。

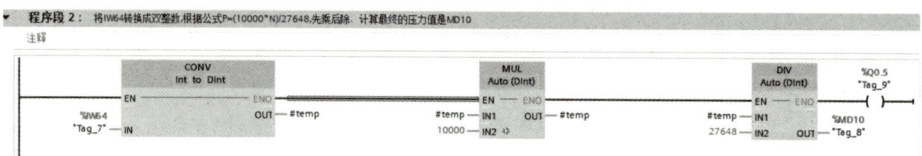

图 4-39 用运算指令实现模拟量数值梯形图

任务评价反馈单

学生任务分配实施单

任务名称	基于数据运算指令的压力数值转换			
班级		组号		指导教师
组长		学号		
组员	姓名		学号	
	姓名		学号	
	姓名		学号	
	姓名		学号	

分工（就组织讨论、工具准备、数据采集记录、安全监督、成果展示等工作内容进行任务分工）

实施步骤

（1）压力变送器的量程为 0～10 MPa，输出信号为 0～10 V，通过 A/D 模块转换为 0～27 648 的数字 N。写出以 kPa 为单位的压力值转换公式。

（2）在博途软件中，利用运算指令编程实现压力数值转换程序。将程序下载到 PLC 硬件，软硬件联合调试，观察并描述实验效果。

经验记录单

任务名称	基于数据运算指令的压力数值转换			
班级		姓名		指导教师
组长		组号		

打开博途软件，编写对应程序。

将程序下载到博途软件，仿真调试，观察并描述实验效果。

实验过程中，出现了哪些问题？你是如何解决的？

问题 1：

解决方法：

问题 2：

解决方法：

各小组互评打分表

姓名		学号		班级			组别		
实训任务		基于数据运算指令的压力数值转换							

评价项目	分值	等级				评价对象（组别）							
		A	B	C	D	1	2	3	4	5	6	7	8
方案合理	20	20	15	10	5								
团队合作	20	20	15	10	5								
工作质量	20	20	15	10	5								
工作规范	20	20	15	10	5								
PPT/演示展示	20	20	15	10	5								
合计	100	各组得分											

总结与反思
（如：任务实施过程中遇到了什么问题→如何解决／解决不了的原因→心得体会）

教师评价打分表

姓名			学号		班级		组别	
实训任务			基于数据运算指令的压力数值转换					
评价项目			评价标准				分值	得分
考勤（10%）			无迟到、早退和旷课的现象				10	
工作过程（60%）	知识目标	获取信息	掌握工作相关知识				10	
		进行表决	制订工作方案，方案合理可行				10	
	技能目标	任务实施	能够熟练操作博途软件				5	
			能够利用博途软件完成程序的编写与调试				5	
			能够利用博途软件进行程序的仿真与监控				5	
			软硬件结合，完成任务的控制与讲解演示				5	
	素养目标	工作态度	认真严谨、积极主动、安全生产、文明施工				5	
		团队合作	与小组成员、同学之间合作交流、协作工作				5	
		工作质量	按照工作方案操作，按计划完成工作任务				10	
项目成果（30%）		工作完整	能按时完成工作任务的所有环节				10	
		工作规范	实训过程中规范操作，避免意外事故的发生				10	
		汇报展示	能准确表达、汇报工作成果				10	
合计							100	
综合评价			学生评价（50%）		教师评价（50%）		综合得分	
综合评语			（作业过程中存在的问题及改进建议）					

任务 4-4　伺服电动机运动控制

任务描述

伺服电动机（servo motor）是指在伺服系统中控制机械元件运转的发动机，是一种补助电动机间接变速装置。伺服电动机可以控制速度，位置精度非常准确，可以将电压信号转化为转矩和转速以驱动控制对象。伺服电动机转子转速受输入信号控制，并能快速反应，在自动控制系统中，用作执行元件，可把所收到的电信号转换成电动机轴上的角位移或角速度输出，且具有机电时间常数小、线性度高等特性。

伺服电动机的应用领域非常广泛。只要是对控制对象精度和工作可靠性等要求相对较高的场合，都可能涉及伺服电动机，如机床、印刷设备、包装设备、纺织设备、激光加工设备、机器人、自动化生产线等。

任务分析

伺服系统由伺服驱动装置和驱动元件（或称执行元件，伺服电动机）等组成，高性能的伺服系统还有检测装置，反馈实际的输出状态。伺服电动机是利用伺服驱动器来实现控制的，电动机是执行机构，伺服驱动装置是发出命令的机构。伺服电动机控制器是数控系统及其他相关机械控制领域的关键器件，一般通过位置、速度和力矩三种方式对伺服电动机进行控制，实现高精度的传动系统定位。

知识链接

4.10　高速脉冲与高速计数器计数

1.高速脉冲输出设置

高速计数器能计算比普通扫描频率更快的脉冲信号，它的工作原理与普通计数器类似，只是计数通道的响应时间更短。现在越来越多的控制过程中需要对高速脉冲信号进行处理，而普通的计数方式远远不能满足要求，为此需要用到高速计数器。

S7-1200 PLC 晶体管输出型有 4 个 PTO/PWM 发生器，其中脉冲列输出（PTO）提供占空比为 50% 的方波脉冲列输出，脉冲宽度调制（PWM）提供连续的、脉冲宽度可控的脉冲列输出。4 个 PTO/PWM 发生器分别通过 CPU 集成的 Qa.0 ～ Qa.3 输出。

在设备组态界面，选中相应的 CPU，选择"属性"选项卡中的"脉冲发生器"，在"常规"栏中选择"启用该脉冲发生器"复选项，在"参数分配"栏中可选择"信号类型"是"PTO"输出还是"PWM"输出。如果选择"PWM"输出，则可以选择"时基"是"毫秒"还是"微秒"，"脉宽格式"是"百分之一"、"千分之一"、"万分之一"还是"模拟量"格式，再设置"循环时间"及"初始脉冲宽度"，如图 4-40 所示。如果选择"PTO"输出，则"参数分配"栏中采用系统默认值。脉冲输出地址设置如图 4-41 所示。

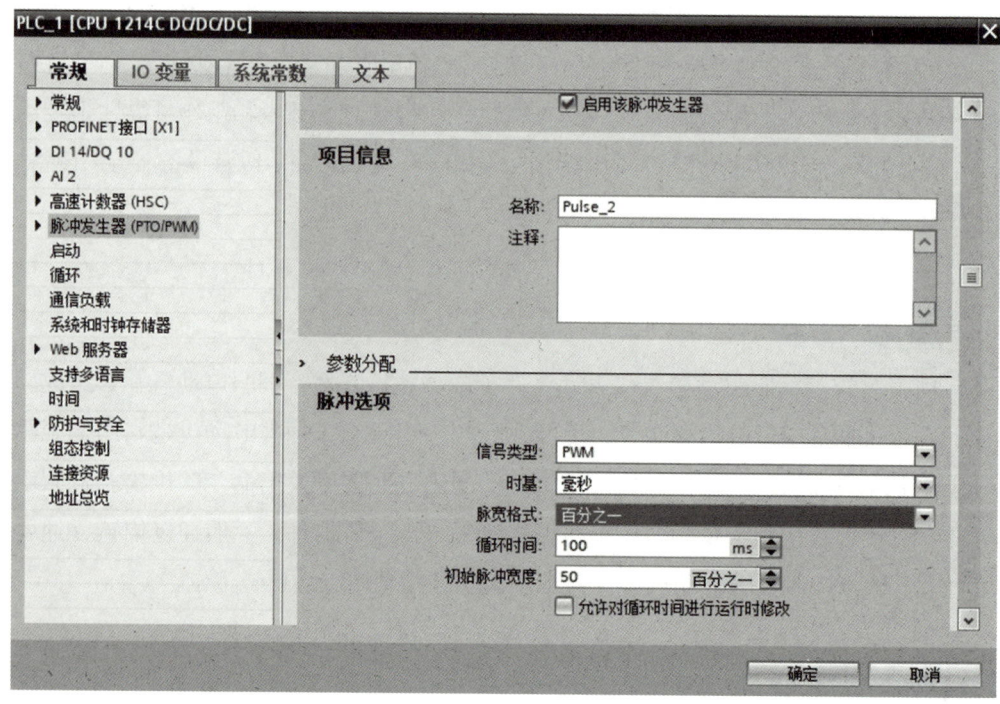

图 4-40　设置脉冲发生器参数

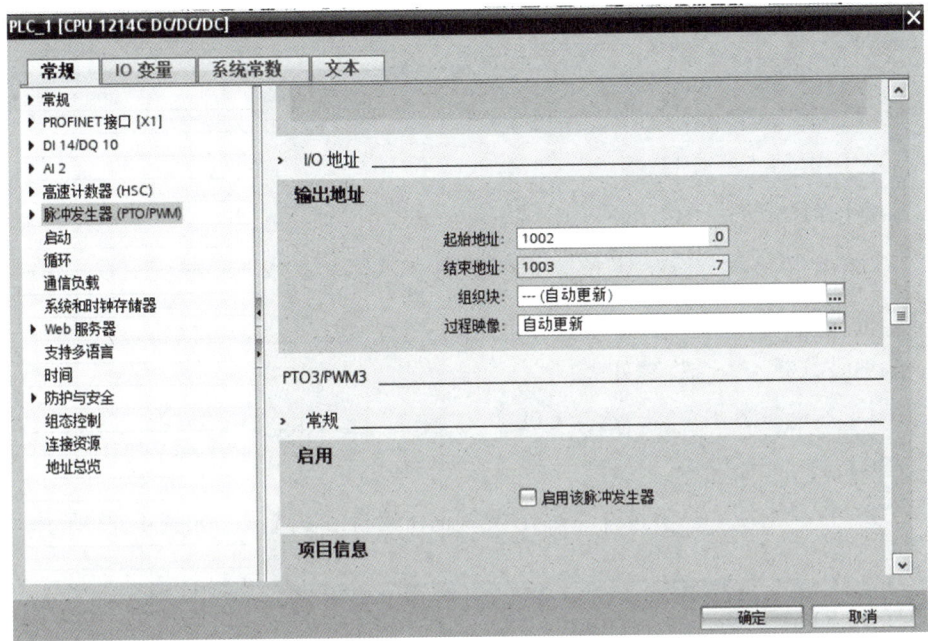

图 4-41　设置脉冲输出地址

2.高速计数器功能设置

由于受扫描周期的影响，普通计数器指令的计数频率小于扫描频率的 1/2。为了实现高频计数，必须采用高速计数器（HSC）指令。S7-1200 PLC 最多集成了 6 个高速计数器（HSC1 ～ HSC6），如表 4-11 所示。HSC1 ～ HSC6 实际计数值的类型为 DInt，对应的默认地址为 ID1000 ～ ID1020。

HSC 指令有 5 种工作模式：内部方向控制的单相计数器、外部方向控制的单相计数器、两路脉冲输入的计数器、A/B 相正交计数器和监控脉冲输出(PTO)，如表 4-12 所示。

表 4-11　高速计时器描述及输入点地址

描述		默认的输入点地址			功能
HSC	HSC1	I0.0 或 I4.0，监控 PTO0 脉冲	I0.1 或 I4.1，监控 PTO0 脉冲	I0.3	
	HSC2	I0.2，检测 PTO1 脉冲	I0.3，检测 PTO1 脉冲	I0.1	
	HSC3	I0.4	I0.5	I0.7	
	HSC4	I0.6	I0.7	I0.5	
	HSC5	I1.0 或 I4.0	I1.1 或 I4.1	I1.2	
	HSC6	I1.3	I1.4	I1.5	

表 4-12　HSC 指令的工作模式

工作模式	默认的输入点地址			功能
内部方向控制的单相计数器	计数脉冲		计数复位	计数或测频
外部方向控制的单相计数器	计数脉冲	方向	计数复位	计数或测频
两路计数脉冲输入的计数器	加计数脉冲	减计数脉冲	计数复位	计数或测频
A/B 相正交计数器	A 相脉冲	B 相脉冲	Z 相脉冲	计数或测频
监控脉冲输出 (PTO)	计数脉冲	方向		计数

高速计数器的组态步骤如下：

（1）在设备组态界面，选择 CPU 的"属性"选项卡，并选择某一高速计数器，如"HSC1"。

（2）在"常规"栏中选择"启用该高速计数器"复选项，如图 4-42 所示。

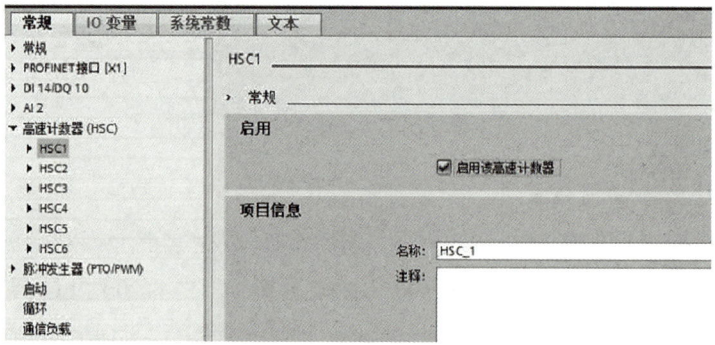

图 4-42　选择"启用该高速计数器"

（3）在"功能"栏中，可以设置"计数类型"为"计数""频率""轴"，如图 4-43 所示。

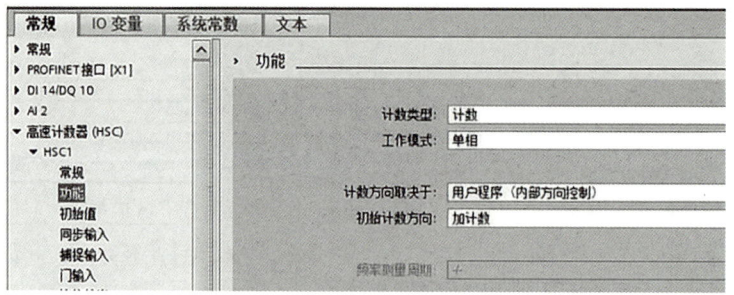

图 4-43　设置高速计数器的功能

（4）在"初始值"栏中，可以设置"初始计数器值"和"初始参考值"，如图 4-44 所示。

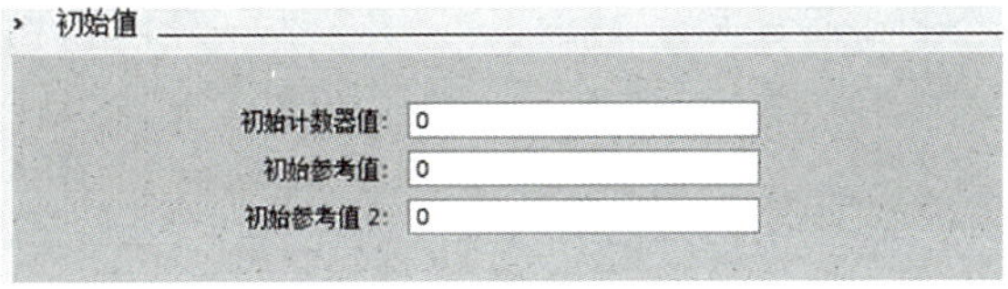

图 4-44 "初始值"栏设置

（5）在"同步输入"栏中，勾选"使用外部同步输入"复选项后，"同步输入的信号电平"可以选择"高电平有效"或"低电平有效"，如图 4-45 所示。

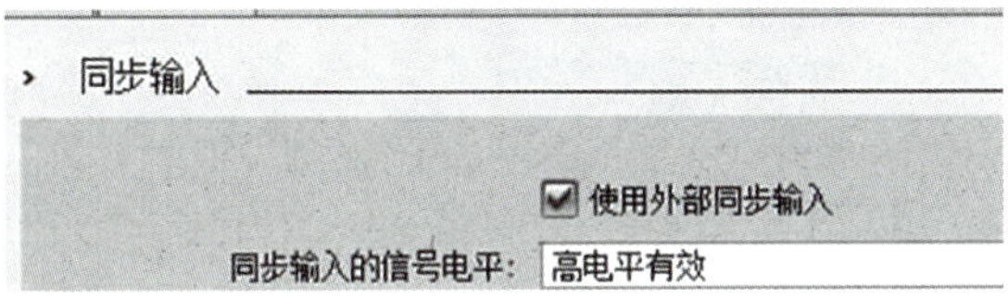

图 4-45 "同步输入"栏设置

（6）在"事件组态"栏中，可以勾选"为计数器值等于参考值这一事件生成中断""为同步事件生成中断""外部复位事件生成中断""方向变化事件生成中断"等复选项，如图 4-46 所示。

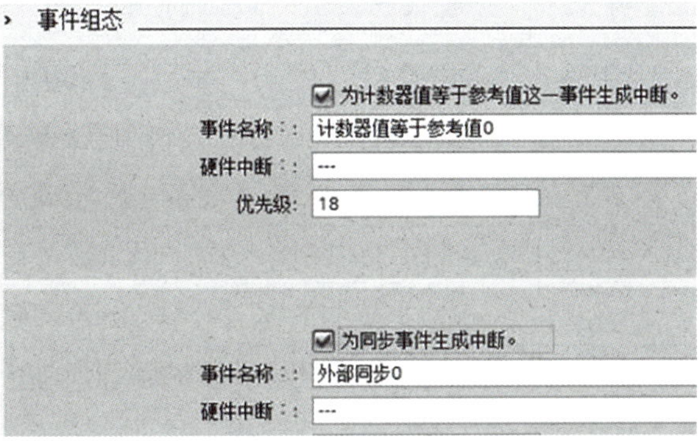

图 4-46 "事件组态"栏设置

（7）在"I/O 地址"栏中，可以设定起始地址 / 结束地址。系统默认值如图 4-47 所示。

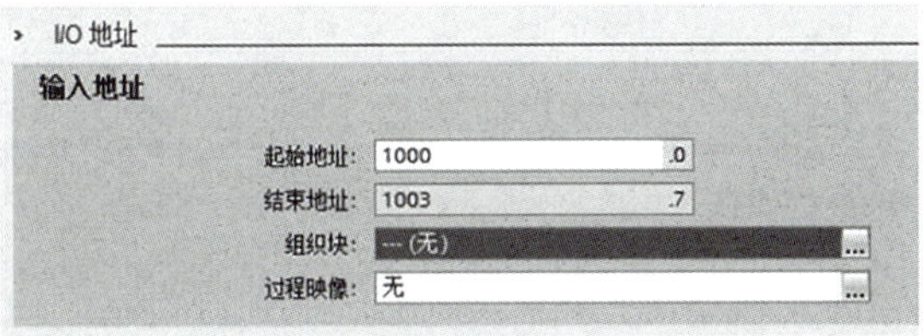

图 4-47 "I/O 地址"栏设置

高速计数器指令的符号如图 4-48 所示。必须先在项目的 PLC 设备配置中组态高速计数器，然后才能在程序中使用高速计数器指令。

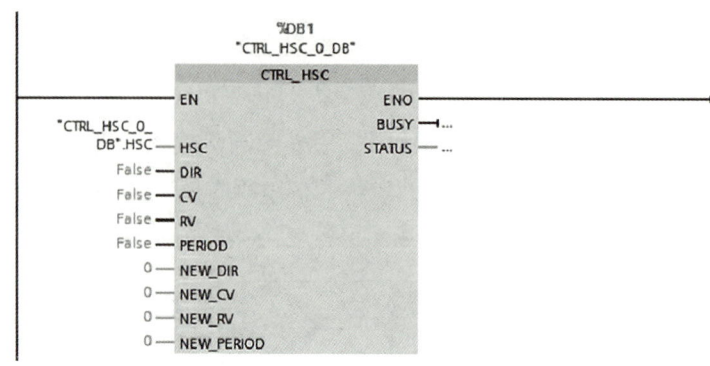

图 4-48　高速计数器指令的符号

HSC 设备配置包括选择计数模式、I/O 连接、中断分配，以及作为高速计数器还是设备来测量脉冲频率。无论是否采用程序控制，均可操作高速计数器。高速计数器指令各参数功能说明如表 4-13 所示。

表 4-13　高速计数器指令各参数功能说明

参数	参数类型	数据类型	说明
HSC	IN	HW_HSC	高速计数器硬件标志符
DIR	IN	Bool	1= 使能新方向请求
CV	IN	Bool	1= 使能新的计数器值
RV	IN	Bool	1= 使能新的参考值
PERIOD	IN	Bool	1= 使能新的频率测量周期值 (仅限频率测量模式)
NEW DIR	IN	Int	新方向：1= 正方形，−1= 反方向
NEW_CV	IN	DInt	新计数器值
NEW_RV	IN	DInt	新参考值
NEW_PERIOD	IN	Int	以秒为单位的新频率测量周期值：0.01、0.1 或 1(仅限频率测量模式)
BUSY	OUT	Bool	功能忙
STATUS	OUT	Word	执行条件代码

4.11　运动控制功能设置

S7-1200 PLC 在运动控制中使用了轴的概念，通过对轴的组态，包括硬件接口、位置定义、动态特性、机械特性等相关指令块的组合使用，可实现绝对位置、相对位置、点动、速度控制、转速控制及自动寻找参考点等功能。

1. 运动控制基本配置

CPU 输出脉冲和方向信号给步进或伺服电动机驱动设备，驱动设备再将 CPU 输出信号处理后传送给步进或伺服电动机，控制电动机的运动。

S7-1200 PLC 的 DC/DC/DC 型提供了直接控制驱动器的板载输出，DC/DC/RLY 型输出则需要信号板来控制驱动器。信号板有两个控制信号，一个是脉冲信号，为驱动器提供脉冲数；一个是方向信号，用来控制驱动器的行进方向。脉冲信号输出和方向信号输出具有特定的分配关系。板载输出和信号板输出都可用作脉冲输出和方向输出，在设备组态的"属性"选项中可以选择是板载输出还是信号板输出。运动控制的基本配置如图 4-49 所示。

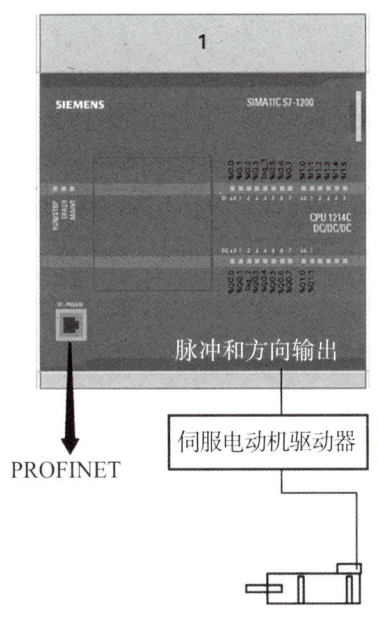

图 4-49　运动控制基本配置

2. 脉冲输出（PTO）配置

S7-1200 PLC 通过板载或信号板上的输出点，可以输出占空比为 50% 的 PTO 信号。其组态步骤如下：

（1）在项目树中选择"设备组态"，选择"属性"选项卡中的"脉冲发生器"，在"常规"栏选择"启用该脉冲发器"，使能脉冲输出，如图 4-50 所示。

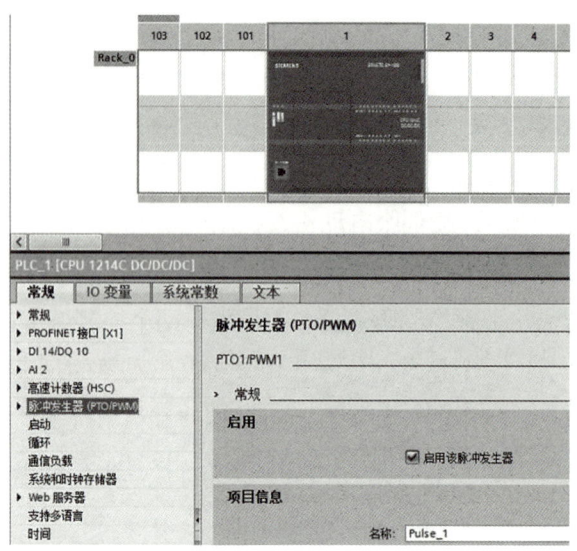

图 4-50　使能脉冲输出

在"参数分配"栏选择"信号类型"为"PTO"输出。如果没有扩展信号板，那么选择唯一的集成 CPU 输出；如果扩展了信号板，则可以选择信号板输出或集成 CPU 输出。一旦进行选择，默认的硬件输出点就确定了。硬件设置如图 4-51 所示。

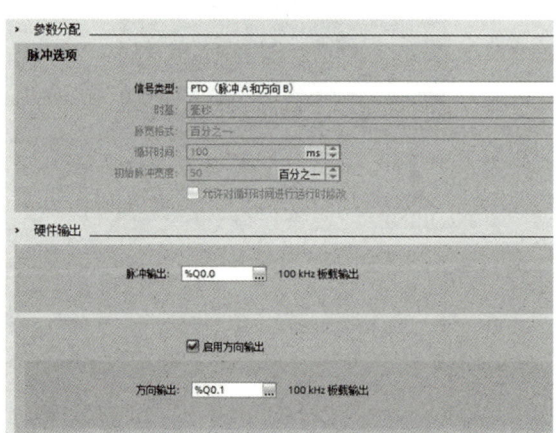

图 4-51　"参数分配"与"硬件输出"栏设置

3. 工艺对象轴参数设置

（1）在项目树中选择"工艺对象"→"新增对象"项，如图 4-52 所示，在打开的对话框中定义轴名称和编号，如图 4-53 所示。

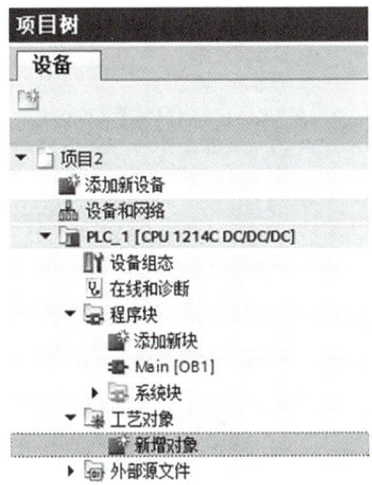

图 4-52　新增对象

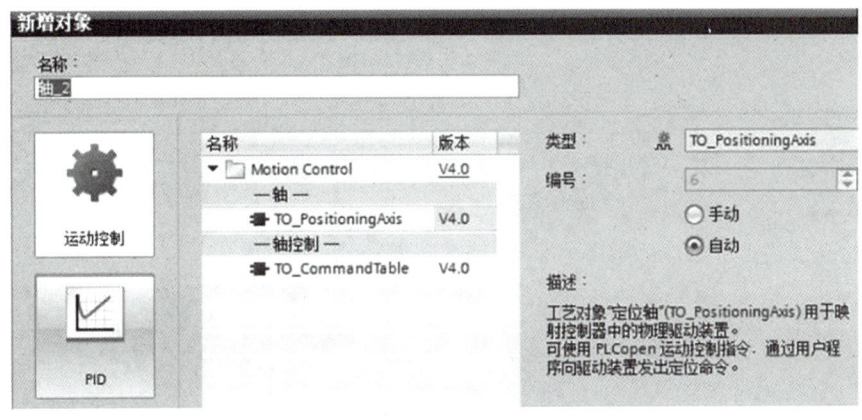

图 4-53　定义轴名称和编号

（2）在完成轴添加后，可以在项目树中看到已添加的工艺对象"轴_1"。双击"组态"图标按钮，进行参数组态，如图4-54所示。在"工艺对象－轴"栏选择"轴_1"，在"硬件接口"栏设置脉冲发生器的输出位置，可以选择"集成 CPU 输出"或"信号板输出"。当选择"集成 CPU 输出"时，对应的"脉冲输出"和"方向输出"端子分别为"Q0.0"和"Q0.1"；"位置单位"可以是 mm（毫米）、m（米）、in（英寸）、ft（英尺）、pulse（脉冲数），如图4-55所示。

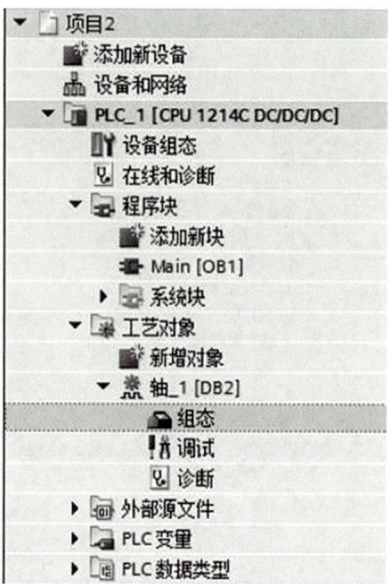

图 4-54　轴的组态

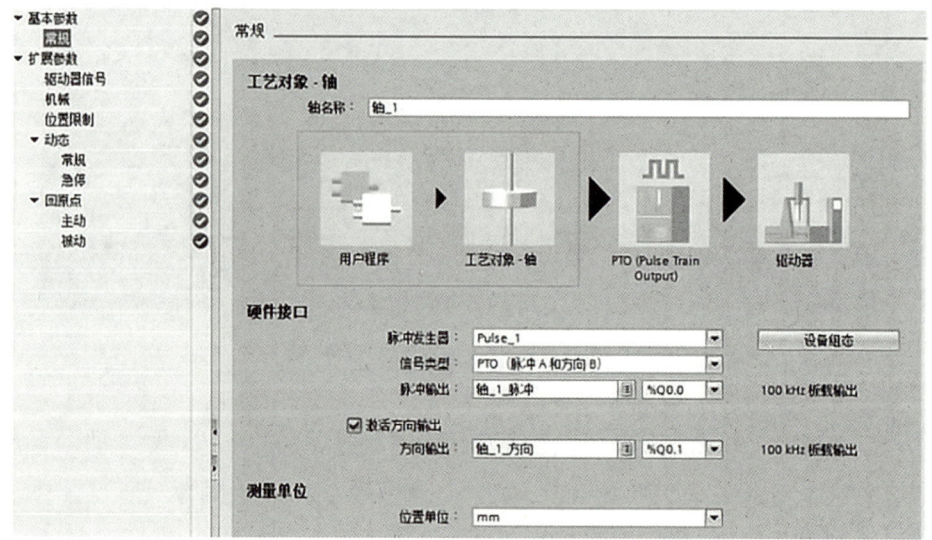

图 4-55　设置轴的基本参数

（3）扩展参数设置如下。

① 扩展参数中的驱动器信号：在"驱动器信号"栏选择"启用驱动器"，设置使能驱动器的输出点。当驱动设备正常时会给一个开关量输出，此信号可接入到 CPU 中，告知运动控制驱动器正常，如果驱动器不提供这种接口，则将"就绪输入"项设置为"TRUE"，如图 4-56 所示。

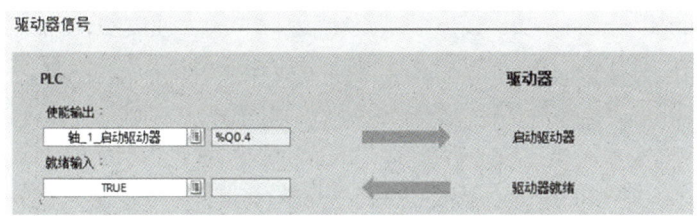

图 4-56　设置驱动器信号

②扩展参数中的机械参数：在"机械"栏设置电动机每旋转一周的脉冲数及电动机每转一周产生的机械负载距离，如图4-57所示。

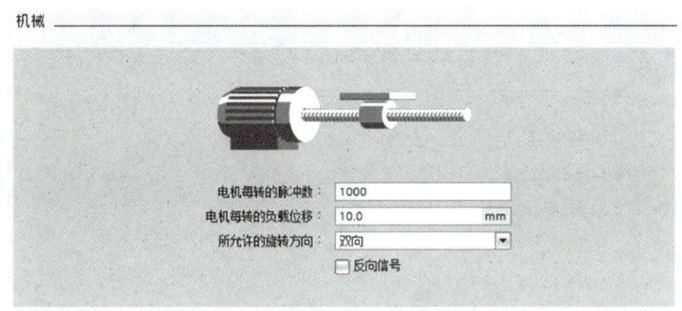

图 4-57　设置机械参数

③扩展参数中的位置监视参数：若在"位置限制"栏选择"启用硬限位开关"复选项，就可以设置"硬件下限位开关输入"和"硬件上限位开关输入"；限位点的有效电平可以设置为高电平有效或低电平有效。而选择"启用软限位开关"复选项后，就可以设置"软限位开关下限位置"和"软限位开关上限位置"的值，如图4-58所示。

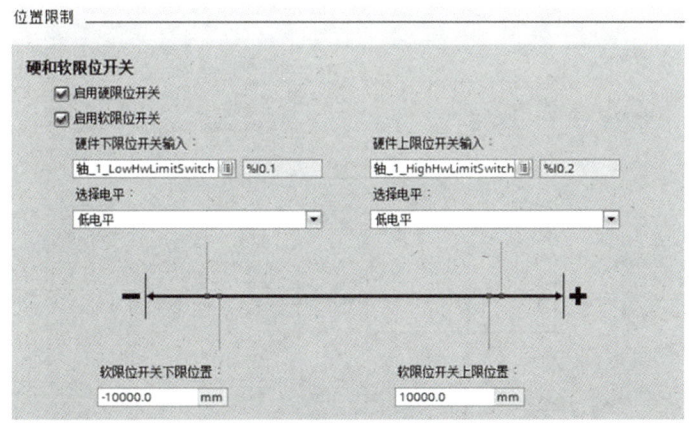

图 4-58　设置位置监视参数

（4）动态参数设置如下。

①在"常规"栏设置轴的常规参数。"速度限值的单位"可以选择"转/min"

"脉冲/s""mm/s"三种；"最大转速"为系统运行的最大速度值；"启动/停止速度"为系统运行的启停速度及加速度和减速度值（或加速时间、减速时间），如图 4-59 所示。

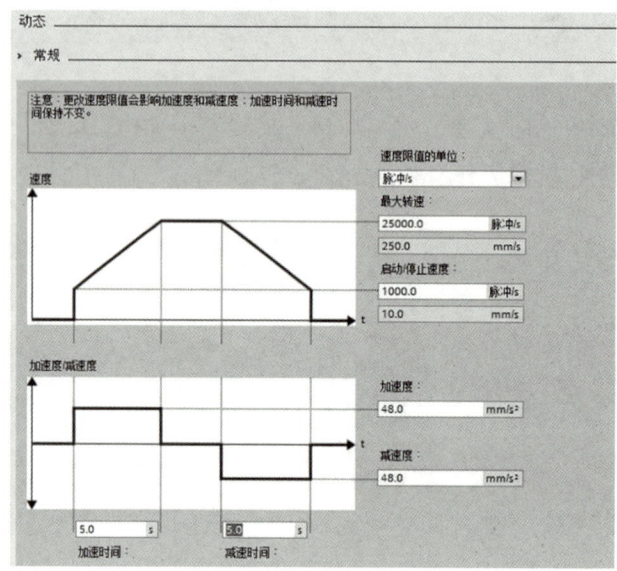

图 4-59　设置常规动态参数

② 在"急停"栏设置轴的急停参数。设置"最大转速"和"启动/停止速度"的值，如图 4-60 所示。

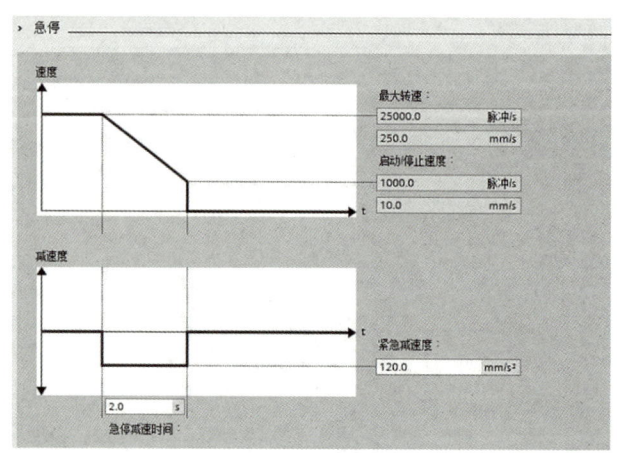

图 4-60　设置急停参数

（5）在"回原点"栏设置回原点参数，包括设置"参考点开关一侧"、选择"允许硬限位开关处自动反转"项，如图 4-61 所示。在选择前述第二项功能后，若轴在碰到参考点前碰到了限位点，则系统认为参考点在反方向，会按组态好的斜坡减速曲线停车并反转；若该项没有被选择且轴到达硬件限位，则回参考点的过程会因为错误被取消，并紧急停止。

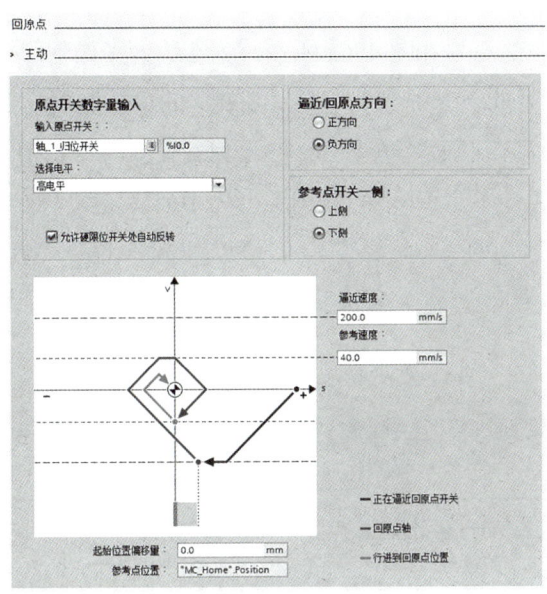

图 4-61 设置回原点

4. 相关指令

运动控制指令使用相关工艺数据块和 CPU 专用 PTO 来控制轴上的运动，通过指令库的工艺指令，可以获得运动控制指令如图 4-62 所示。

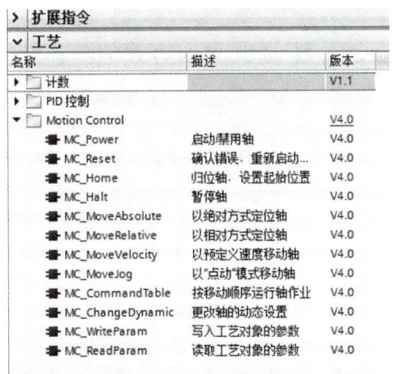

图 4-62 运动控制指令

1）MC_Power 指令

MC_Power 指令为系统使能指令，用于启动或禁用轴。轴在运动之前必须先启动（用）。Enable 为高电平时，按照工艺对象组态好的方式使能轴；Enable 为低电平时，轴将按 StopMode 定义的组态模式，中止所有已激活的命令，同时停止轴。StopMode 为 0 时，紧急停止，按照组态好的急停曲线停止；StopMode 为 1 时，立即停止，输出脉冲立刻封锁；StopMode 为 2 时，带有加速度变化率控制的紧急停止。

MC_Power 指令的符号如图 4-63 所示，各参数含义如下。

Axis 为已组态好的工艺对象的名称；Status 的数据类型为 Bool（Status=0，禁用轴，轴不会执行运动控制命令也不会接收任何新命令；Status=1，轴启用，准备就绪，可以执行运动控制命令）；Error 的数据类型为 Bool，运动控制指令 MC_Power 或相关工艺对象发生错误时为 1，否则为 0。MC_Power 指令需要生成对应的背景数据块。

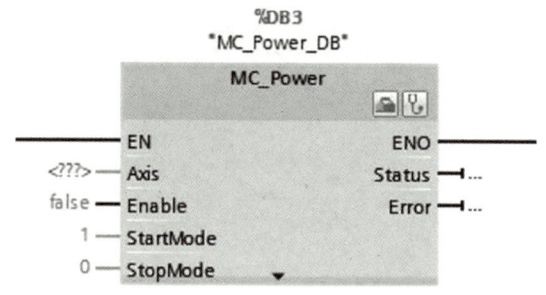

图 4-63　MC_Power 指令的符号

2）MC_Reset 指令

MC_Reset 指令可复位所有运动控制错误，所有可确认的运动控制错误都会被确认。使用 MC_Reset 指令前，必须将需要确认的未解决组态错误的原因消除（如将"轴"工艺对象中的无效加速度值更改为有效值）。

MC_Reset 指令的符号如图 4-64 所示，各参数含义如下。

Axis 为已定义的轴工艺对象；Execute 为出现上升沿时开始任务；Done 的数据类型为 Bool，TRUE 表示错误已确认。Error 的数据类型为 Bool，TRUE 表示任务执行期间出错。

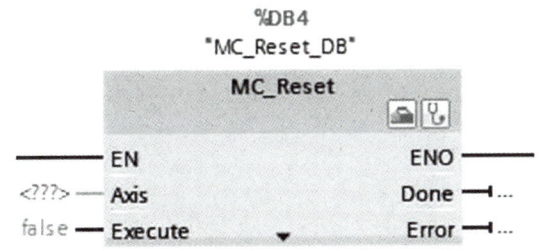

图 4-64　MC_Reset 指令的符号

3）MC_Home 指令

MC_Home 指令为回原点指令。使用 MC_Home 指令可将轴坐标与实际物理驱动器位置匹配。要使用 MC_Home 指令，必须先启用轴。

MC_Home 指令的符号如图 4-65 所示，各参数含义如下。

Execute 为出现上升沿时开始任务。Mode 为回原点模式，数据类型为 Int（0 为绝对式直接回原点，新的轴位置为参数 Position 的位置值；1 为相对式直接回原点，新的轴位置为当前轴位置加参数 Position 的位置值；2 为被动回原点，根据轴组态回原点，回原点后，参数 Position 的值被设置为新的轴位置；3 为主动回原点，按照轴组态进行参考点逼近，参数 Position 的值被设置为新的轴位置）。Position 的数据类型为 Real（当 Mode 为 0、2 和 3 时，为完成回原点操作后轴的绝对位置；当 Mode=1 时，为当前轴位置的校正值），其限值为 $-1.0 \times 10^{12} \leqslant Position \leqslant 1.0 \times 10^{12}$。

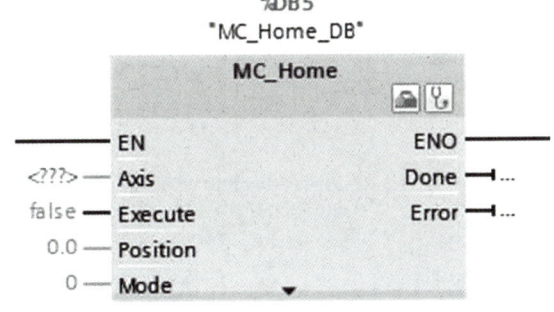

图 4-65　MC_Home 指令的符号

4）MC_Halt 指令

MC_Halt 指令为暂停轴指令。使用 MC_Halt 指令可停止所有运动并将轴切换到停止状态，停止位置未定义。要使用 MC_Halt 指令，必须先启用轴。

MC_Halt 指令的符号如图 4-66 所示。

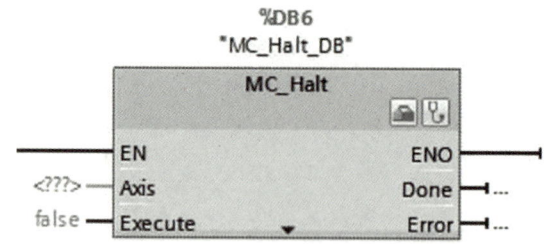

图 4-66　MC_Halt 指令的符号

5）MC_MoveAbsolute 指令

MC_MoveAbsolute 指令为绝对位移指令。使用 MC_MoveAbsolute 指令可启用轴到绝对位置的定位运动。要使用 MC_MoveAbsolute 指令，必须先启用轴，同时必须使其回原点。

MC_MoveAbsolute 指令的符号如图 4-67 所示，各参数含义如下。

Execute 为出现上升沿时开始执行任务；Position 为绝对目标位置（默认值为 0.0），其数据类型为 Real，限值为 $-1.0 \times 10^{12} \leqslant Position \leqslant 1.0 \times 10^{12}$；Velocity 为指定轴的速度（默认值为 10.0），由于组态的加速度和减速度及要逼近的目标位置等原因，并不总是能达到此速度，其限值为启动 / 停止速度 ≤ Velocity ≤ 最大速度。

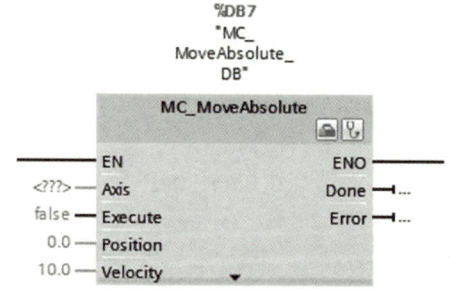

图 4-67　MC_MoveAbsolute 指令的符号

6）MC_MoveRelative 指令

MC_MoveRelative 指令为相对位移指令，其执行不需要建立参考点，只需要定义运动距离、方向和速度。当上升沿 Execute 使能时，轴按照设定好的距离与速度运动，其方向根据距离的符号决定。

MC_MoveRelative 指令符号如图 4-68 所示，各参数含义如下。

Distance 为运动的相对距离，限值为 $-1.0 \times 10^{12} \leqslant Distance \leqslant 1.0 \times 10^{12}$；Velocity 为用户定义的运行速度，由于组态的加速度和减速度及要行进距离的原因，并不总是能达到此速度，限值为启动 / 停止速度 ≤ Velocity ≤ 最大速度。

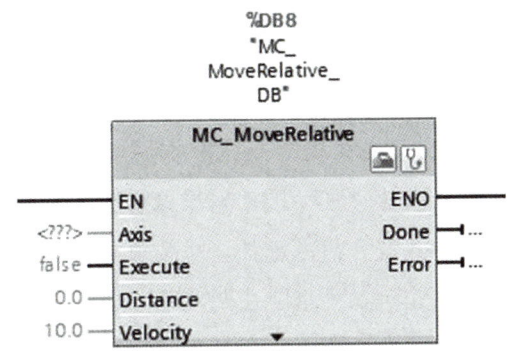

图 4-68 MC_MoveRelative 指令符号

绝对位移指令与相对位移指令的主要区别在于是否需要建立起坐标系统（即是否需要参考点）。绝对位移指令需要建立参考点，并根据坐标自动决定运动方向；相对位移指令不需要建立参考点，只需要当前点与目标点之间的距离，由程序决定方向。

7）MC_MoveVelocity 指令

MC_MoveVelocity 指令为目标转速运动指令，可使轴按预先设定的速度运行，运行速度在 Velocity 中设定。MC_MoveVelocity 指令的符号如图 4-69 所示，各参数含义如下。

Velocity 为指定轴运动的速度（默认值为 10.0），限值为启动/停止速度≤|Velocity|≤最大速度（允许 Velocity=0.0）。Current 的数据类型为 Bool，当 Current 为 FALSE 时，禁用"保持当前速度"，使用参数 Velocity 和 Direction 的值（默认值）；当 Current 为 TRUE 时，激活"保持当前速度"，不考虑参数 Velocity 和 Direction 的值。

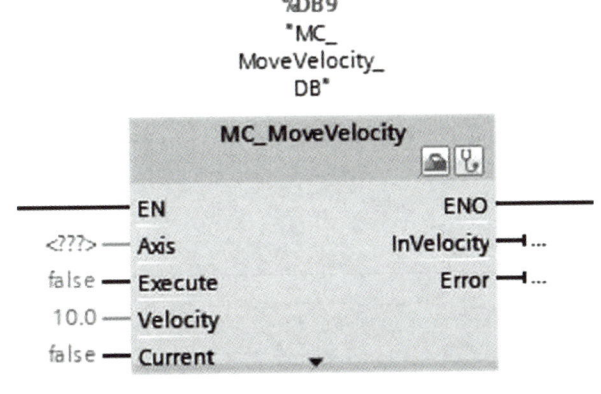

图 4-69 MC_MoveVelocity 指令的符号

国产伺服电动机：引领智能仓储新发展

　　随着工业自动化的迅猛发展，搬运机器人的市场需求呈现出日益增长的态势。国产伺服电动机凭借其卓越的性能，为搬运机器人赋予了精准的动力控制。在实际应用中，搬运机器人能够借助国产伺服电动机实现快速且准确的货物搬运。例如，在一些先进的智能仓储系统里，搬运机器人通过国产伺服电动机达成精确的行走和转向控制，不仅可以自主规划路径，还能巧妙地避开障碍物，从而高效地完成货物搬运任务。此外，国产伺服电动机在小型化和轻量化方面的出色设计，为机器人的结构优化提供了有力支持，促使机器人变得更加灵活、高效，极大地提升了机器人在各种复杂环境下的适应能力和工作效率。

任务实施　伺服电动机运动控制

1. 控制要求

　　假定有一伺服电动机带动一小车在轨道上从左（原点）向右（目标点）循环往复运动，左限位 I0.1，原点 I0.0，右限位 I0.2，工作示意如图 4-70 所示。从原点到达目标点的距离为 30 cm，试编写程序。本任务采用交流伺服电动机驱动器，电动机编码反馈脉冲为 2500 pulse/rev（每转 1 圈 2500 个脉冲）；默认状态下，驱动器反馈脉冲电子齿轮分－倍频值设置为 10000/6000。

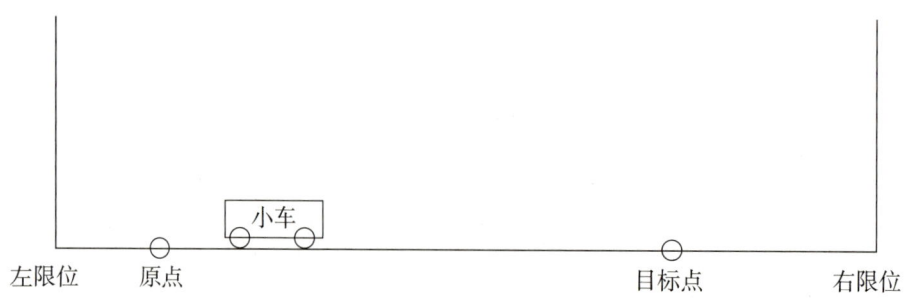

图 4-70　运动轨迹及工作示意

2. I/O 分配

I/O 分配如表 4-14 所示。

表 4-14 I/O 分配

类别	元件	I/O 点编号	备注
输入	SQ1	I0.0	原点开关
	SQ2	I0.1	左限位
	SQ3	I0.2	右限位
	SB1	I0.3	激活 MC
	SB2	I0.4	停止
	SB3	I0.5	故障复位
输出	SM	Q0.0	脉冲
	SM	Q0.1	方向

3. 输入 / 输出接线

伺服电动机 PLC 外部接线如图 4-71 所示。

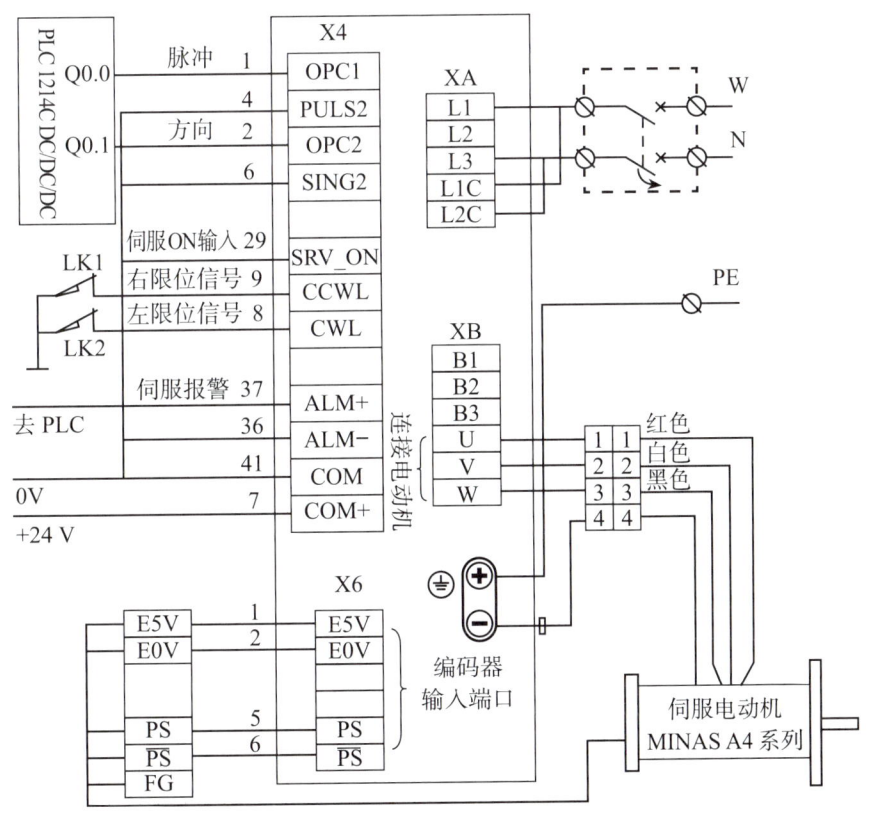

图 4-70 伺服电动机 PLC 外部接线

4. 伺服参数设置

伺服参数设置如表 4-15 所示。

表 4-15　伺服参数设置

序号	参数编号	参数名称	设置数值	功能和含义
1	Pr5.28	LED 初始状态	1	显示电动机转速
2	Pr0.01	控制模式	0	位置控制（相关代码 P）
3	Pr5.04	驱动禁止输入设定	2	当左或右（POT 或 NOT）限位动作，会发生 Err38 行程限位禁止输入信号出错报警。设置此参数值必须在控制电源断电重启后才能生效
4	Pr0.04	惯量比	250	实时自动增益调整为标准模式
5	Pr0.02	实时自动增益设置	1	此参数设置越大，影响越快
6	Pr0.03	机械刚性选择	13	
7	Pr0.06	1		
8	Pr0.07	3		
9	Pr0.08	6000		

5. 组态编程

（1）组态 CPU 的脉冲输出：在设备组态界面选中 CPU，在下面"属性"的"常规"选项卡"脉冲发生器（PTO/PWM）"项中，选择"启用该脉冲发生器"复选项，启用脉冲发生器 1，则 Q0.0 为脉冲输出，Q0.1 为脉冲方向输出，HSC1 为 PTO1 的高速脉冲输出，信号类型为 PTO（脉冲 A 和方向 B），如图 4-72 所示。

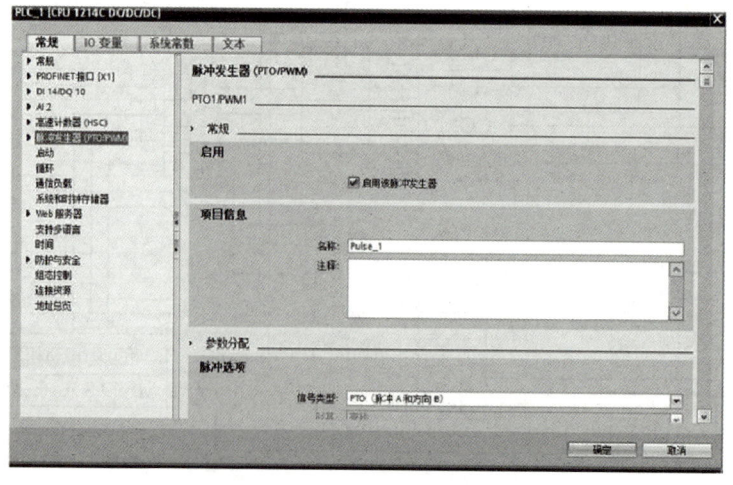

图 4-72　组态 CPU 的脉冲输出

（2）组态工艺对象：根据上述的方法，组态工艺对象，其中基本参数如图4-73所示，驱动器信号设置如图4-74所示，机械参数设置如图4-75所示，位置限制设置如图4-76所示，动态常规参数设置如图4-77所示，急停参数设置如图4-78所示，回原点设置如图4-79所示。

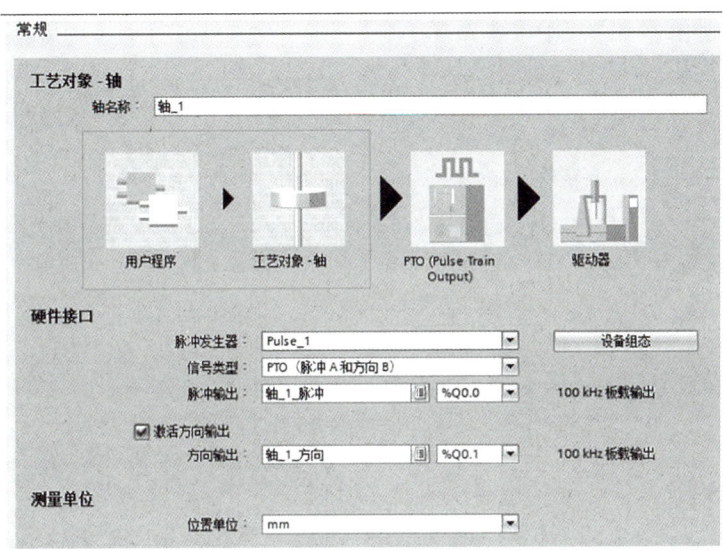

图 4-73 轴的基本参数设置

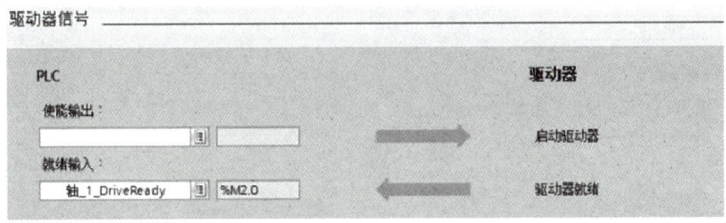

图 4-74 驱动器信号设置

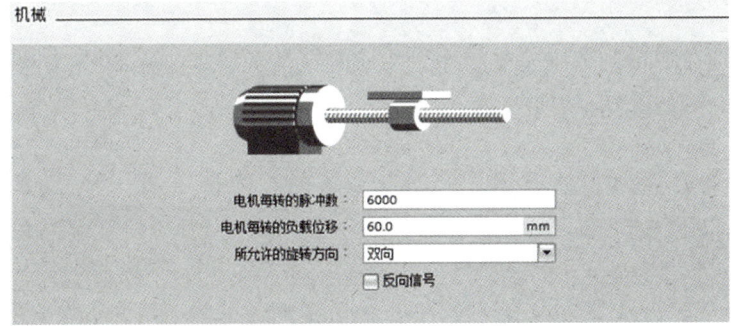

图 4-75 机械参数设置

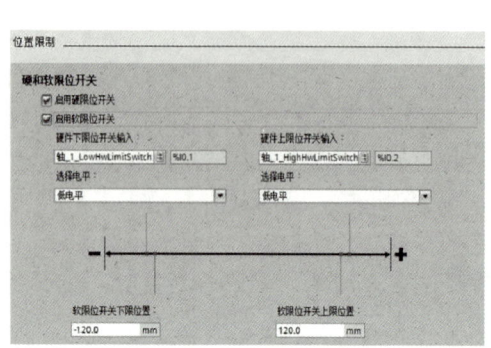

图 4-76　位置限制设置

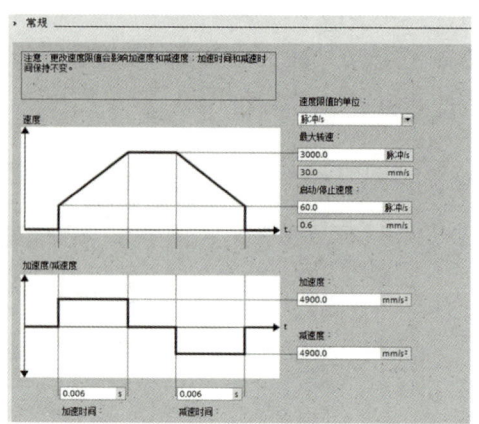

图 4-77　动态常规参数设置

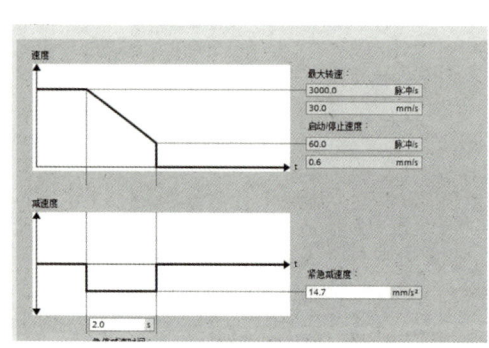

图 4-78　急停参数设置

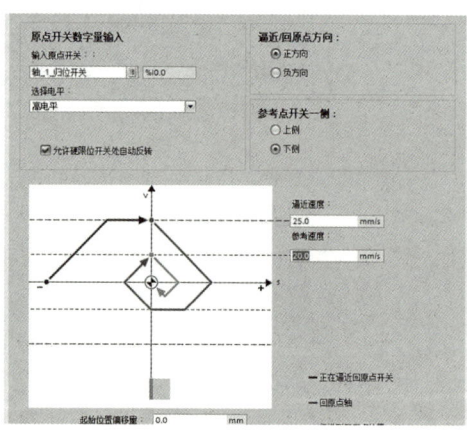

图 4-79　回原点设置

（3）建立变量：轴组态生成后，生成的默认变量如图 4-80 所示。根据项目要求建立变量，如图 4-81 所示。

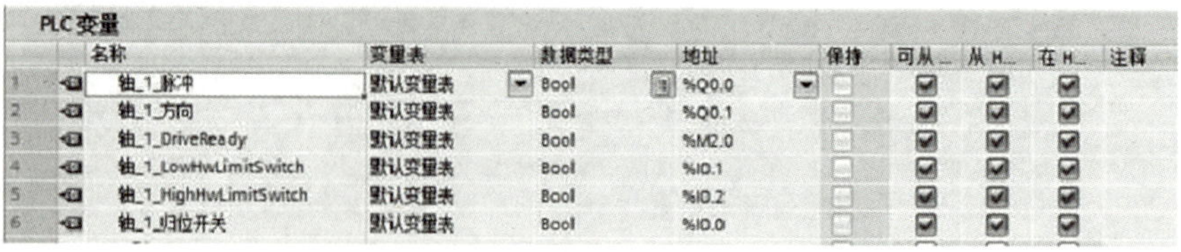

		名称	变量表	数据类型	地址	保持	可从	从 H...	在 H...	注释
1		轴_1_脉冲	默认变量表	Bool	%Q0.0		☑	☑	☑	
2		轴_1_方向	默认变量表	Bool	%Q0.1		☑	☑	☑	
3		轴_1_DriveReady	默认变量表	Bool	%M2.0		☑	☑	☑	
4		轴_1_LowHwLimitSwitch	默认变量表	Bool	%I0.1		☑	☑	☑	
5		轴_1_HighHwLimitSwitch	默认变量表	Bool	%I0.2		☑	☑	☑	
6		轴_1_归位开关	默认变量表	Bool	%I0.0		☑	☑	☑	

图 4-80　轴生成的默认变量

7	激活MC	默认变量表	Bool	%I0.3		☑	☑	☑
8	停止	默认变量表	Bool	%I0.4		☑	☑	☑
9	故障复位	默认变量表	Bool	%I0.5		☑	☑	☑
10	目标点位置已达	默认变量表	Bool	%M100.0		☑	☑	☑
11	Tag_1	默认变量表	Bool	%M100.1		☑	☑	☑
12	原点位置已达	默认变量表	Bool	%M200.0		☑	☑	☑
13	Tag_2	默认变量表	Bool	%M200.1		☑	☑	☑
14	停止运动	默认变量表	Bool	%M3.0		☑	☑	☑

图 4-81　变量的定义

（4）编辑轴运动控制指令，如图 4-82 所示。

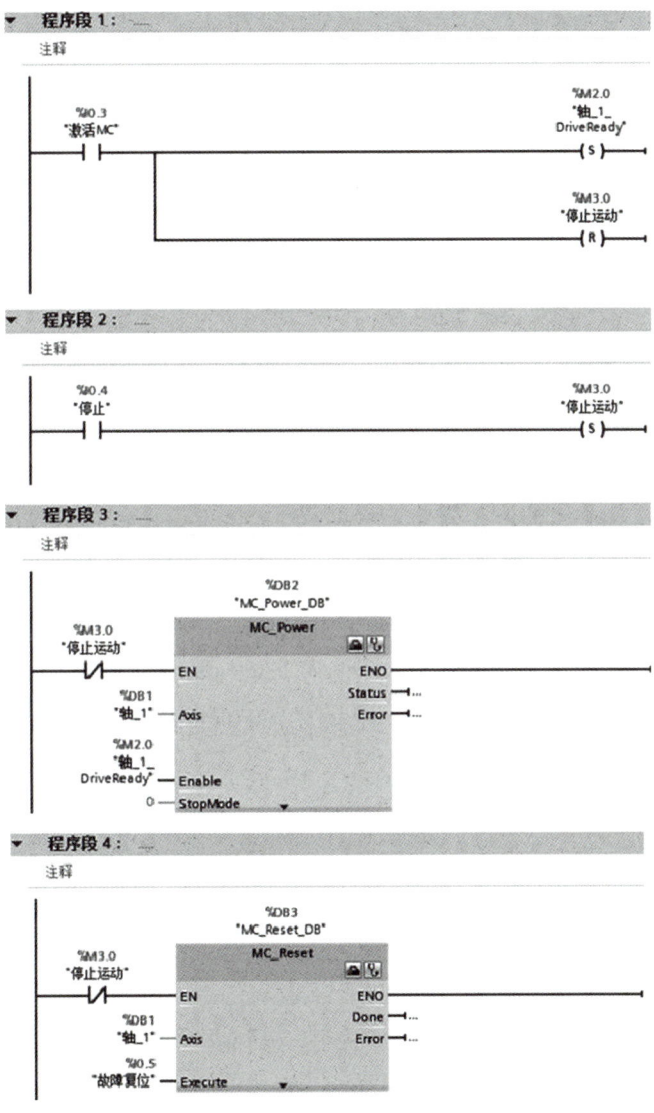

图 4-82　伺服电机运动控制梯形图

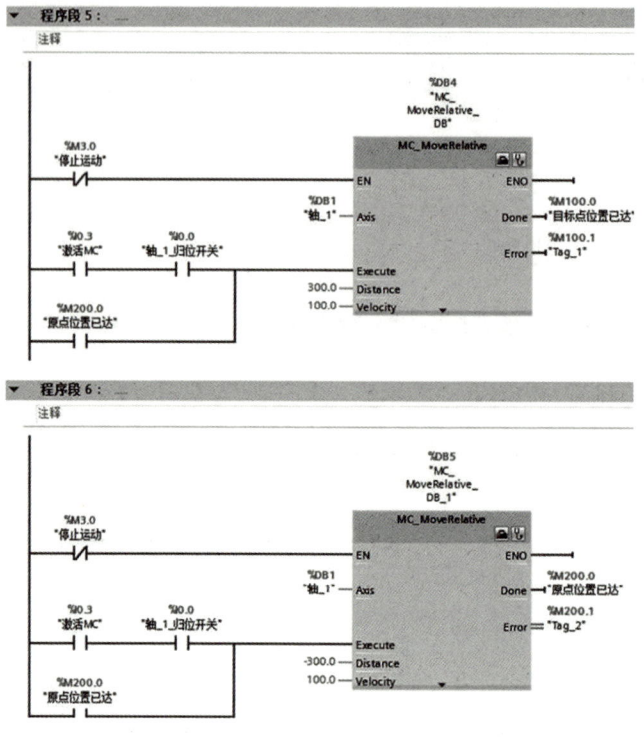

图 4-82（续）

　　程序段 1：轴使能控制位置位；程序段 2：按下停止按钮，停止运动输出；程序段 3：系统使能块，该块调用并使能后，其他功能块才能正常使用；程序段 4：故障复位使能块，确认故障，重启工艺对象；程序段 5：相对位置使能块，从当前位置移动到相对位置 300.0 mm 处，速度为 100.0 mm/s，到达目标点；程序段 6：滑轮运动到相对位置 -300.0 mm 处，速度为 100.0 mm/s，返回原点。

任务评价反馈单

学生任务分配实施单

任务名称	伺服电动机运动控制			
班级		组号		指导教师
组长		学号		
组员	姓名		学号	
	姓名		学号	
	姓名		学号	
	姓名		学号	

（就组织讨论、工具准备、数据采集记录、安全监督、成果展示等工作内容进行任务分工）

实施步骤

步骤一：

步骤二：

步骤三：

经验记录单

任务名称			伺服电动机运动控制		
班级		姓名		指导教师	
组长		组号			

打开博途软件，亲身实践，写出基于伺服电动机运动控制程序。

将基于伺服电动机运动控制程序下载到博途软件，调试，观察并描述实验效果。

实验过程中，出现了哪些问题和你是如何解决的？

问题 1:

解决方法:

问题 2:

解决方法:

各小组互评打分表

姓名		学号			班级			组别		
实训任务				伺服电动机运动控制程序						

评价项目	分值	等级				评价对象（组别）							
		A	B	C	D	1	2	3	4	5	6	7	8
方案合理	20	20	15	10	5								
团队合作	20	20	15	10	5								
工作质量	20	20	15	10	5								
工作规范	20	20	15	10	5								
PPT/演示展示	20	20	15	10	5								
合计	100	各组得分											

总结与反思
（如：任务实施过程中遇到了什么问题→如何解决／解决不了的原因→心得体会）

教师评价打分表

姓名			学号		班级		组别	
实训任务								
评价项目			评价标准				分值	得分
考勤（10%）			无迟到、早退和旷课的现象				10	
工作过程（60%）	知识目标	获取信息	掌握工作相关知识				10	
		进行表决	制订工作方案，方案合理可行				10	
	技能目标	任务实施	分配 PLC 变量				5	
			完成 PLC 外部硬件接线图				5	
			编写 PLC 程序				5	
			下载程序并调试运行				5	
	素养目标	工作态度	认真严谨、积极主动、安全生产、文明施工				5	
		团队合作	与小组成员、同学之间合作交流、协作工作				5	
		工作质量	按照工作方案操作，按计划完成工作任务				10	
项目成果（30%）		工作完整	能按时完成工作任务的所有环节				10	
		工作规范	实训过程中规范操作，避免意外事故的发生				10	
		汇报展示	能准确表达、汇报工作成果				10	
合计							100	
综合评价			学生评价（50%）		教师评价（50%）		综合得分	
综合评语			（作业过程中存在的问题及改进建议）					

项目5 PLC 程序结构及编程应用

项目导入

随着行业的发展，我们在工业控制领域对电动机运动的要求越来越高。在过去的生产中，可能要求电动机只进行单一方向、单一转速的工作，但随着运动要求的提高，我们需要更加精确地控制电动机，使电动机能按预定的转速、转向、启停方式等要求进行运动。

在对电动机进行精确控制的时候，往往需要使用到函数（FC，function，又称功能）、组织块（OB，organization block）、中断组织块等模块，以便更好、更高效地控制电动机的运行状态。

函数（FC）的功能类似于功能块，也是一种封装特定功能的程序结构。与功能块不同的是，函数没有静态参数和内部状态，因此通常用于实现不需要保存状态的简单逻辑。函数具有无状态、简单、可重复使用等特点，因此具有适用于实现无状态逻辑、易于理解和实现、可以在多个地方调用、实现代码重用等优点。

组织块（OB）是操作系统（OS）与用户程序的接口，由操作系统调用。CPU循环执行操作系统。操作系统在每一个循环中调用主程序，同时执行在程序循环OB中编写的程序。用户程序可以采用结构化编程，将程序根据任务分层划分，每一层控制程序作为上一层控制任务的子程序，同时调用下一层的子程序，形成嵌套调用。

学习目标

（1）掌握无形参函数的应用；

（2）掌握有形参函数的应用；

（3）掌握启动组织块的应用；

（4）掌握循环中断组织块的应用。

任务 5-1　多级分频器的 PLC 控制

任务描述

本任务利用函数实现多级分频器的 PLC 控制。在工业控制中，很多机构的运动都是由电动机来驱动的，不同机构的运动速度等运动情况各不相同，因此要求其驱动电动机也要以不同的转速进行旋转以满足工业控制的要求。

任务要求：在一标签打印系统中，有打码电动机 M1、上色电动机 M2、传送带电动机 M3 和热封滚轮电动机 M4 共 4 台电动机，要求当接通启动按钮后，通过 PLC 多级分频控制实现电动机 M1 以 1 Hz 的频率、M2 以 0.5 Hz 的频率、M3 以 0.25 Hz 的频率、M4 以 0.125 Hz 的频率旋转；断开启动按钮后，所有电动机停止旋转。

任务分析

本任务可采用创建 OB（组织块）和 FC（函数）及 FB（函数块，function block，又称功能块）的形式来实现任务要求。启动采用转换开关 SA，当转换开关 SA 未接通时，主要是将 PLC 的输出端口清 0，程序比较简单，采用无形参数函数 FC1；当转换开关 SA 接通时，采用 4 个分频输出的电路，由于分频器的输入 / 输出参数不一样，因此只要生成一个有参函数 FC2，分 4 次调用即可。

知识链接

S7-1200 PLC 中编程采用块的概念，即将程序分解为独立的、自成体系的各个部件。块类似于子程序的功能，但类型更多，功能更强大。在工业控制中，程序往往是非常庞大和复杂的，采用块的概念便于大规模设计和程序的阅读及理解，标准化的块程序还可以重复调用，使程序结构清晰明了、修改方便、调试简单。采用块结构显著地增

扫一扫

扫码查看 OB、FC、FB

加了 PLC 程序的组织透明性、可理解性和易维护性，

S7-1200 PLC 程序提供了多种不同类型的块，如表 5-1 所示。

表 5-1 S7-1200 PLC 用户程序中的块

块（block）	简要描述
组织块（OB）	操作系统与用户程序的接口，决定用户程序的结构
函数（FC）	用户编写的包含经常使用功能的子程序，无专用的存储区
函数块（FB）	用户编写的包含经常使用功能的子程序，有专用的存储区（即背景数据块）
数据块（DB，data block）	存储用户数据的数据区域

5.1 函数

函数和函数块都是用户编写的程序块，类似于子程序，它们包含完成特定任务的程序。用户可以将具有相同或相近控制过程的程序编写成 FC 或 FB，然后在主程序的 OB1 或其他程序块（包括组织块、数和函数块）中调用。

FC 或 FB 与调用它的块共享输入、输出参数，执行完 FC 和 FB 后，将执行结果返回给调用它的程序块。

FC 没有固定的存储区，功能执行结束后，其局部变量中的临时数据就丢失了。可以用全局变量来存储那些在功能执行结果后需要保存的数据；FB 有自己的存储区（背景数据块），其典型应用是执行不能在一个扫描周期内结束的操作。每次调用 FB 时，都需要指定一个背景数据块（随函数块的调用而打开，在调用结束时自动关闭）。FB 的输入、输出参数和静态变量（Static）用指定的背景数据块保存，但是不会保存临时局部变量（Temp）中的数据。函数块执行完后，背景数据块中的数据不会丢失。

1. 生成 FC

打开博途软件的项目视图，生成一个名为"FC_First"的新项目。用鼠标双击项目树中的"添加新设备"，添加一个新设备，CPU 的型号选择为 CPU 1214C AC/DC/RLY。

打开项目视图中的文件夹"PLC_1\程序块"，用鼠标双击其中的"添加新块"，打开"添加新块"对话框，如图 5-1 所示，单击其中的"函数"按钮。FC 默认编号方式为"自动"，且编号为 1，编程语言为"LAD"（梯形图）。设置函数的名称为"M_lianxu"，默认名称为"块_1"（也可以对其重命名，用鼠标右键单击项目树中程序块文件夹下的 FC，选择弹出列表中的"重命名"，然后更改名称）。勾选

左下角的"新增并打开"选项，然后单击"确定"按钮，自动生成 FC1，并打开其编程窗口。此时可以在项目树的文件夹"PLC_1\程序块"中看到新生成的 FC1（M_lianxu[FC1]），如图 5-2（a）所示。

图 5-1　添加新块

（a）

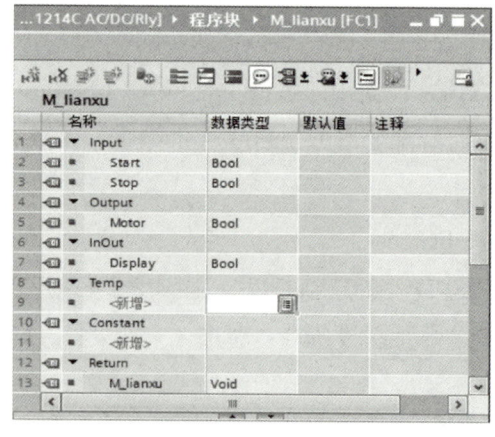

（b）

图 5-2　FC1 的局部变量

2. 生成 FC 的局部数据

将鼠标指向 FC1 程序区最上面的分隔条，按住鼠标的左键，往下拉动分隔条，分隔条上面为块接口（Interface）区，下面是程序编辑区。将水平分隔条拉至程序编程器视窗的顶部，块接口区不再显示，但是它仍然存在。也可以通过单击块接口区与程序编辑区之间的分隔条隐藏或显示块接口区。

在块接口区中生成的局部变量只能在它所在的块中使用，且为符号寻址访问。局部变量的名称由字符（包括汉字）、下划线和数字组成，在编程时程序编辑器自动在局部变量名前加上＃号标识（全局变量或符号使用双引号，绝对地址使用％）。如图5-2（b）所示，函数主要有以下5种局部变量。

（1）Input（输入参数）：由调用它的块提供的输入数据。

（2）Output（输出参数）：返回给调用它的块的程序执行结果。

（3）InOut（输入/输出参数）：初值由调用它的块提供，块执行后将它的值返回给调用它的块。

（4）Temp（临时数据）：暂时保存在局部堆栈中的数据。临时数据只在执行块时使用，执行完后临时数据的数值不再保存，它可能被别的块的临时据覆盖。

（5）Return（返回）：Return中的M_lianxu（返回值）属于输出参数。

在函数FC1中实现两种电动机的连续运行控制，控制模式相同：按下启动按钮（电动机1对应I0.0，电动机2对应I0.2），电动机开始运行（电动机1对应Q0.0，电动机2对应Q0.2）；按下停止按钮（电动机1对应I0.1，电动机2对应I0.3），电动机停止运行；电动机工作指示分别为Q0.1和Q0.3。此处，电动机过载保护用的热继电器常闭触点接在PLC的输出回路中。

下面生成上述电动机连续控制的函数局部变量。

在Input下面的"名称"列生成变量"Start"和"Stop"，单击"数据类型"，设置其数据类型为"Bool"（默认为Bool型）。

在Output下面的"名称"列生成变量"Motor"，选择数据类型为"Bool"。

在InOut下面的"名称"列生成变量"Display"，选择数据类型为"Bool"。

生成局部变量时不需要指定存储器地址。程序编辑器根据各变量的数据类型自动为所有局部变量指定存储器地址。

图5-2中返回值M_lianxu（函数FC的名称）属于输出参数，默认的数据类型为"Void"，该数据类型不保存数据，用于函数不需要返回值的情况。在调用FC1时，看不到M_lianxu。如果将它设置为"Void"以外的数据类型，在FC1内部编程时可以使用该变量，调用FC1时可以在方框的右边看到作为输出参数的M_lianxu。

3. 编写FC程序

在自动打开的FC1程序编辑视窗中编写上述电动机连续运行控制的程序，并对其进行编译。程序编辑窗口与主程序 Main[OB1] 编辑窗口相同。电动机连续运行的程序设计如图 5-3 所示。

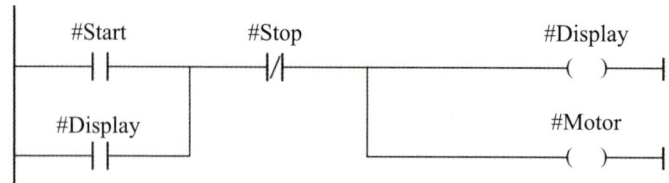

图 5-3　FC1 的电动机连续运行程序

编程时，单击触点或线圈上方的 <??.?>，可手动输入其名称，或再次单击 <??.?>，通过弹出窗口右侧筛选按钮，进行变量的选择，如图 5-4 所示。

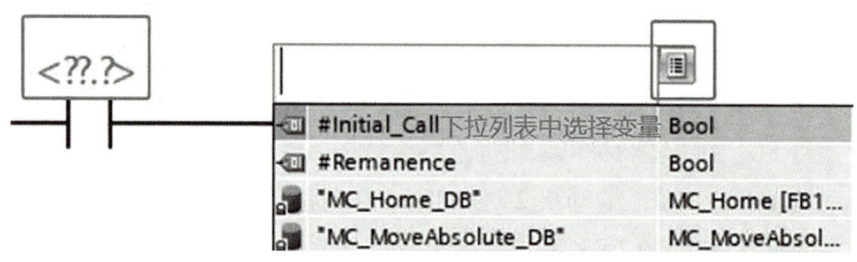

图 5-4　变量的命名和选择

注意：如果定义变量"Display"为"Output"参数，则在编写 FC1 程序的自锁常开触点时，系统会提示""#Display"变量被声明为输出，但是可读"的警告！并且此处触点无法显示黑色而为棕色。在主程序编译时也会提出相应的警告。在执行程序时，电动机只能点动，不能连续运转，即线圈得电，而自锁触点不能闭合。

4. 在 OB1 中调用 FC

在 OB1 程序编辑视窗中，将项目树中的 FC1 拖放到右边的程序区的水平"导线"上，如图 5-5 所示。FC1 方框中左边的"Start"等是 FC1 的接口区中定义的输入参数和输入 / 输出参数，右边的"Motor"是输出参数。它们被称为 FC 的形式参数，简称为形参。形参在 FC 内部的程序中使用，在其他逻辑块（包括组织块、函数和函数块）调用 FC 时，需要为每个形参指定实际的参数，简称为实参。实参与它对应的形参应具有相同的数据类型。

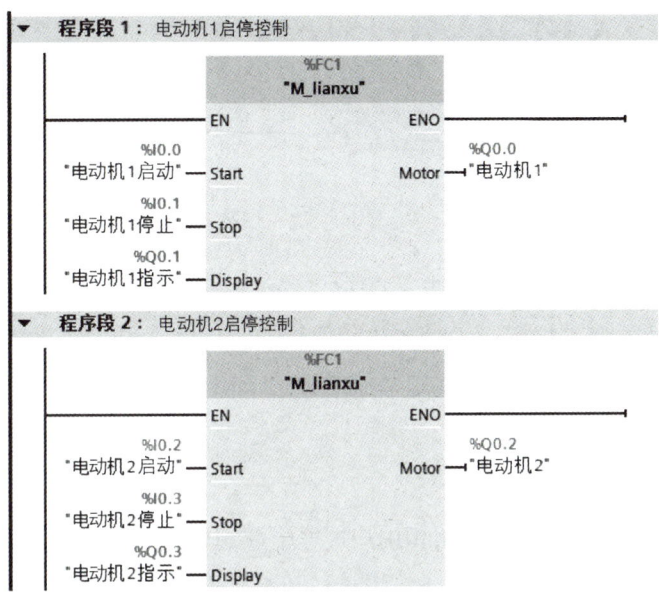

图 5-5　在 OB1 中调用 FC1

　　指定形参时，可以使用变量表和全局数据块中定义的符号地址或绝对地址，也可以是调用 FC1 的块（例如 OB1）的局部变量。

　　如果在 FC1 中不使用局部变量，直接使用绝对地址或符号地址进行编程，则如同在主程序中编程一样，若使用 FC1 程序段，必须在主程序或其他逻辑块加以调用。若在 FC1 中未使用局部变量（无形参），则编程如图 5-6 所示；若在 OB1 中调用 FC1（有形参），则如图 5-7 所示。

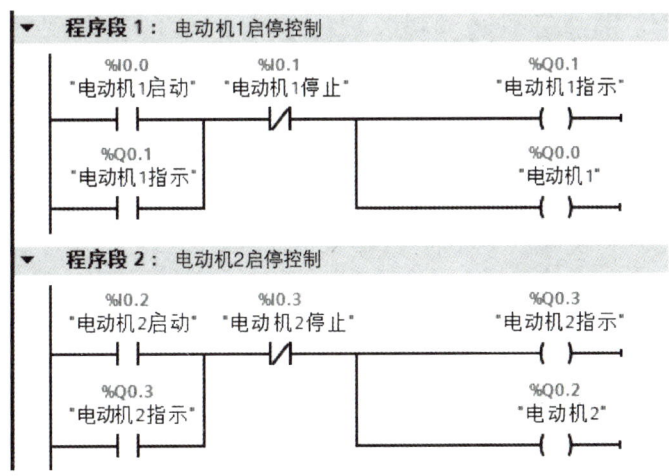

图 5-6　无形参 FC1 的编程

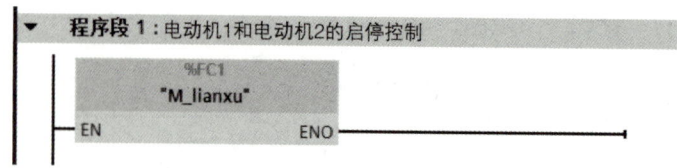

图 5-7　有形参 FC1 的调用

从上述使用形参和未使用形参进行 FC1 的编程及调用来看，使用形参编程比较灵活，使用比较方便，特别对于功能相同或相近的程序来说，只需要在调用的逻辑块中改变 FC 的实参即可，便于用户阅读及程序的维护，而且能做到模块化和结构化编程，比线性方式编程更易理解。

5. 调试 FC 程序

选中项目 PLC_1，将组态数据和用户程序下载到 CPU，将 CPU 切换到 RUN 模式。单击巡视窗口编辑器栏上相应的 FC 按钮打开 FC 程序编辑视窗，单击工具栏上的 🔲 按钮，启动程序状态监控功能，监控方法同主程序。

6. 为块提供加密保护

选中需要加密保护的 FC（或 FB、OB 等其他逻辑块），执行菜单命令"编辑"→"专有技术保护"→"定义"，在打开的"定义密码"对话框中输入新密码和确认密码，单击"确定"按钮后，项目树中相应 FC 的图标上会出现一把锁的符号，表示相应的 FC 受到保护。单击巡视窗口编辑器栏上相应的 FC 按钮打开 FC 程序编辑视窗，此时可以看到接口区的变量，但是看不到程序区的程序。用鼠标双击项目树中程序块文件夹下带保护的 FC 时，会弹出"访问保护"对话框，要求输入 FC 的保护密码，正确输入密码后，单击"确定"按钮，才可以看到程序区的程序。

5.2　函数块

1. 生成 FB

打开博途软件的项目视图，生成一个名为"FB_First"的新项目。用鼠标双击项目树中的"添加新设备"，添加一个新设备，CPU 的型号选择为 CPU 1214C AC/DC/RLY。

打开项目视图中的文件夹"PLC_1\程序块"，用鼠标双击其中的"添加新块"，如图 5-8（a）所示，打开"添加新块"对话框，单击其中的"函数块"按钮，FB 默认编号方式为"自动"且编号为 1，编程语言为"LAD"（梯形图）。设置函数块的名称为"M_baozha"，默认名称为"块_1"（也可以对其重命名，方法与 FC 相同）。勾选左下角的"新增并打开"选择，然后单击"确定"按钮，自动生成

FB1，并打开其编程窗口，此时可以在项目树的文件夹"PLC_1\程序块"中看到新生成的 FB1（M_baozha[FB1]），如图 5-8（a）所示。

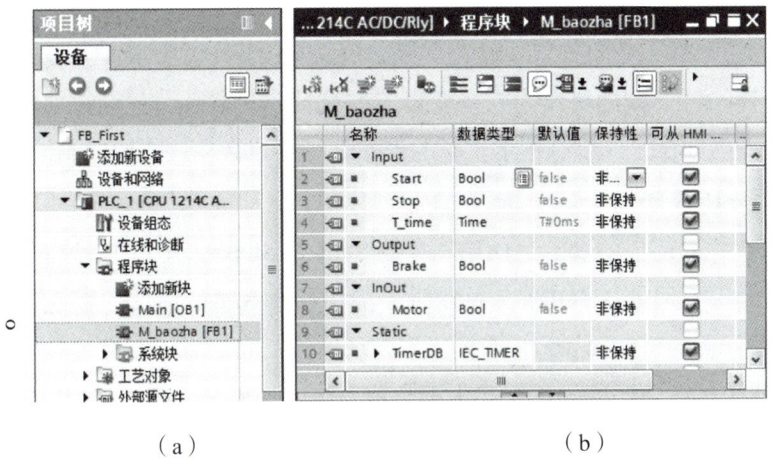

（a）　　　　　　　　　　　　　　　　　（b）

图 5-8　FB1 的局部变量

2. 生成 FB 的局部数据

将鼠标指向 FB1 程序区最上面的分隔条，按住鼠标左键，往下拉动分隔条，分隔条上面是功能接口（Interface）区，下面是程序编辑区。将水平分隔条拉至程序编程器视窗的顶部，接口区不再显示，但是它仍然存在。

与 FC 相同，FB 的局部变量中也有 Input（输入）、Output（输出）、InOut（输入/输出）和 Temp（临时）等参数，如图 5-8（b）所示。

背景数据块中的变量就是函数块变量中的 Input、Output、InOut 参数和 Static 变量，如图 5-8 和图 5-9 所示。函数块的数据永久性地保存在它的背景数据块中，

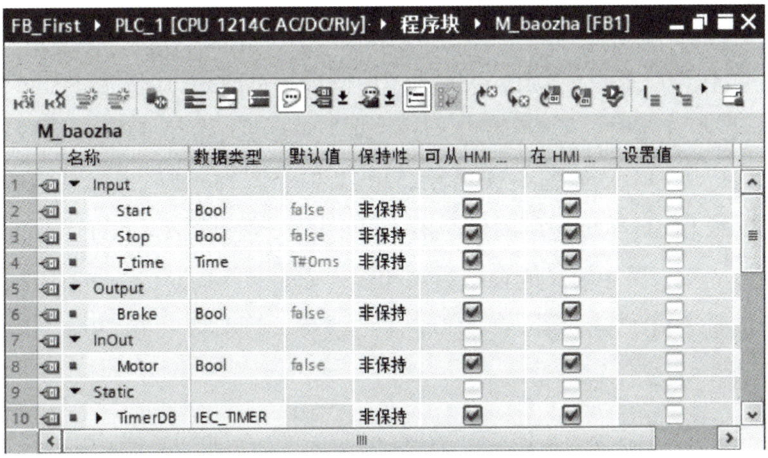

图 5-9　FB1 的背景数据块

在函数块执行完后也不会丢失，以供下次使用。其他代码块可以访问背景数据块中的变量，但不能直接删除和修改（只能在它的函数块的功能接口区中删除和修改这些变量）。

函数块的输入、输出参数和静态变量会被自动指定一个默认值。变量的默认值被传送给 FB 的背景数据块作为同一变量的初始值，可以在背景数据块中修改变量的初始值。调用 FB 时，没有指定实参的形参使用背景数据块中的初始值。

3. 编写 FB 程序

此处 FB 程序的控制要求：用输入参数 Start 和 Stop 控制输出参数 Motor。按下 Start，断电延时定时器（TOF）开始定时，输出参数 Brake 为 "1" 状态，经过输入参数 T_time 设置的时间预置值后停止。

在自动打开的 FB1 程序编辑视窗中编写上述电动机及抱闸控制程序，并对其进行编译。程序编辑窗口与主程序 Main[OB1] 编辑窗口相同。控制程序如图 5-10 所示。

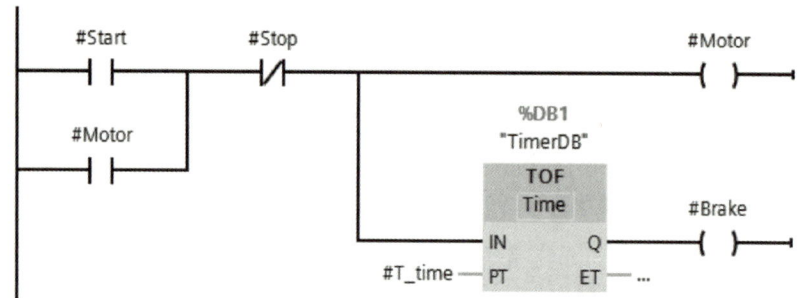

图 5-10　FB1 中的程序

TOF 的参数用静态变量 TimerDB 来保存，其数据类型为 IEC_TIMER。

4. 在 OB1 中调用 FB

在 OB1 程序编辑视窗中，将项目树中的 FB 拖放到右边的程序区的水平 "导线" 上，松开鼠标左键时，在弹出的 "调用选项" 对话框中输入 FB1 背景数据块名称（此处采用默认名称），如图 5-11 所示，单击 "确定" 按钮后，自动生成 FB1 的背景数据块 DB2（DB1 为断电延时定时器 TOF 的背景数据块）。FB1 方框左边的 "Start" 等是 FB1 的接口区中定义的输入参数和输入 / 输出参数，右边的 "Brake" 是输出参数，它们都是 FB1 的形参。在此为它们的实参分别赋值 I0.0、I0.1、T#15S、Q0.0、Q0.1，如图 5-12 所示。

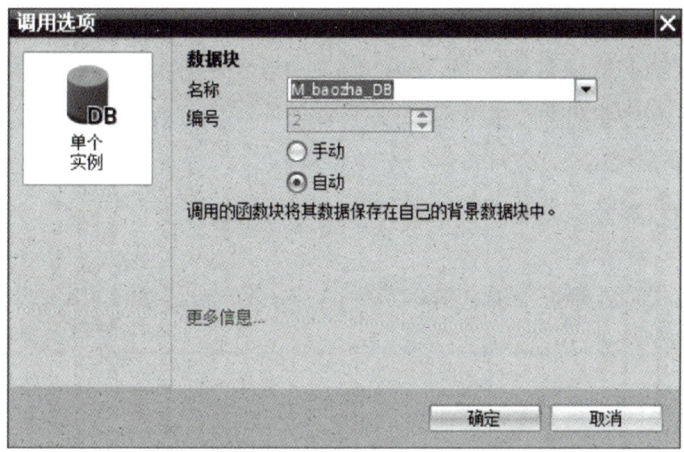

图 5-11　创建 FB1 的背景数据块

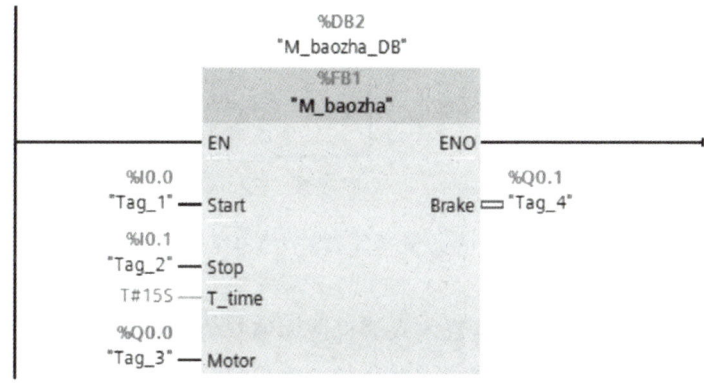

图 5-12　在 OB1 中调用 FB1

5. 处理调用错误

在 OB1 中已经调用完 FB1。若在 FB1 中增 / 减某个参数、修改某个（些）参数的名称、修改某个参数的默认值，则在 OB1 中被调用的 FB1 的方框、字符、背景数据块将变为红色，这时可单击程序编辑器的工具栏上的 按钮（更新不一致的块调用），此时 FB1 中的红色错误标记消失。或在 OB1 中删除 FB1，重新调用亦可。

5.3　多重背景数据块

一个程序需要使用多个定时器或计数器指令时，需要为每一个定时器或计数器指定一个背景数据块。由于这些指令的多次使用，会生成大量的数据块"碎片"。为了解决这个问题，可以在函数块中使用定时器、计数器指令时，在函数块的接口区定义数据类型为 IEC_TIMER 或 IEC_COUNTER 的静态变量，用这些静态变量来为定时器和计数器提供背景数据。这样多个定时器或计数器的背景数据被包含在它们所在的函数块的背景数据块中，就不需要为每个定时器或计数器设置一个单独的背景数据块，减少了处理数据的时间，更合理地利用了存储空间。这种函数块的背景数据块被称为多重背景数据块，如图 5-13 所示。在共享的多重背景数据块中，定时器、计数器的数据结构之间不会产生相互作用。

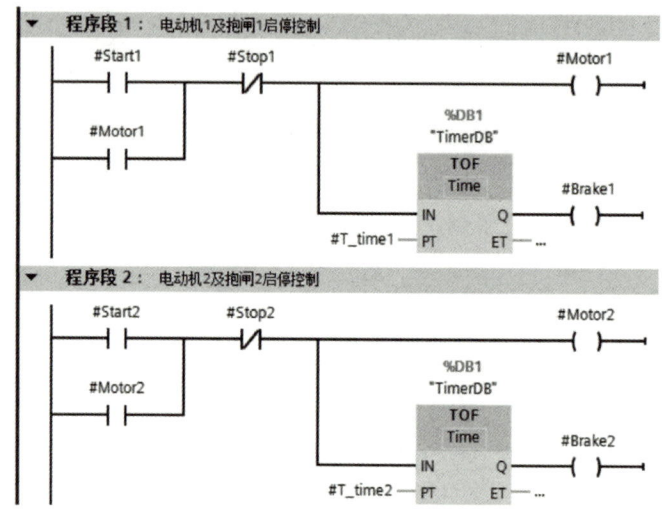

图 5-13　多重背景数据块的使用

注意：只能以多重背景数据块方式调用博途编程软件提供的库中包含的函数块，不能以多重背景数据块方式调用用户创建的函数块。

 **任务实施**　多级分频器的 PLC 控制

1. 任务要求

使用 S7-1200 PLC 实现多级分频器的控制，要求当转换开关 SA 接通时，从 Q0.0、Q0.1、Q0.2 和 Q0.3 输出频率为 1 Hz、0.5 Hz、0.25 Hz 和 0.125 Hz 的脉冲信号，同时接在输出端 Q0.5、Q0.6、Q0.7 和 Q1.0 的相应指示灯亮。当转换开关 SA 关断时，无脉冲输出且所有指示灯全部熄灭。

2. I/O 分配

根据 PLC 输入/输出点分配原则及本任务控制要求，进行 I/O 地址分配，如表 5-2 所示。

表 5-2　多级分频器的 PLC 控制 I/O 分配表

输入		输出	
输入继电器	元器件	输出继电器	元器件
I0.0	转换开关 SA	Q0.0	1 Hz 脉冲输出
		Q0.1	0.5 Hz 脉冲输出
		Q0.2	0.25 Hz 脉冲输出
		Q0.3	0.125 Hz 脉冲输出
		Q0.5	1 Hz 脉冲指示 HL1
		Q0.6	0.5 Hz 脉冲指示 HL2
		Q0.7	0.25 Hz 脉冲指示 HL3
		Q1.0	0.125 Hz 脉冲指示 HL4

3. 硬件原理图

根据任务控制要求及表5-2，多级分频器PLC控制的I/O接线图如图5-14所示。

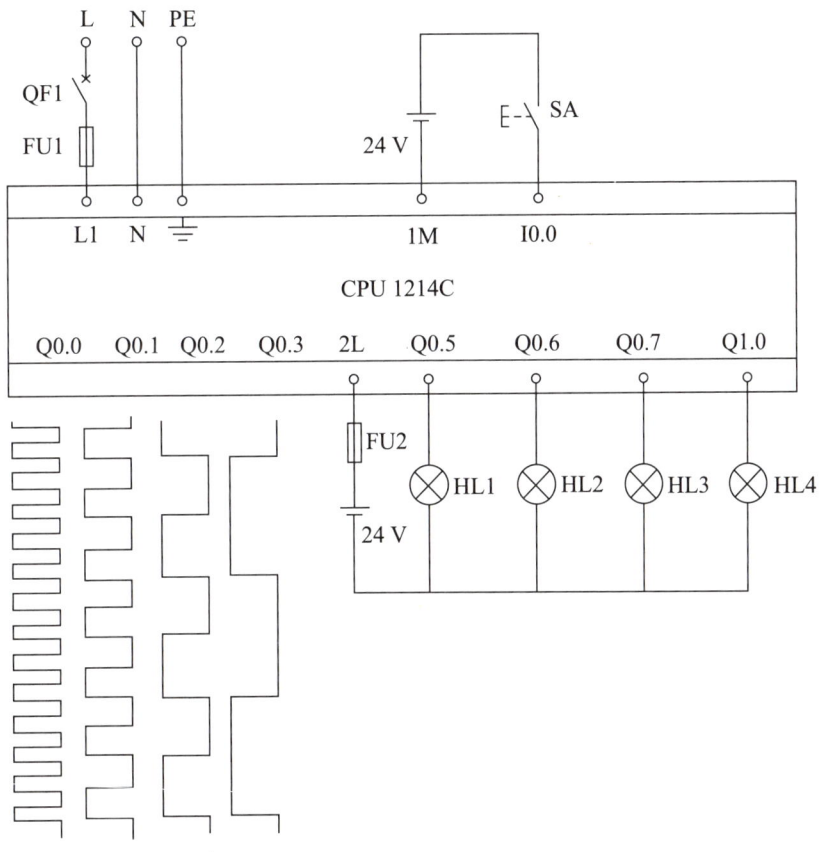

图 5-14　多级分频器 PLC 控制的 I/O 接线图

注意：本任务采用 CPU 1214C DC/DC/DC 型 PLC。除非将 PLC 的输出频率降低，确保最高输出频率为 1 Hz，否则不宜采用 AC/DC/RLY 型 CPU。

4. 创建工程项目

打开博途软件，在 Portal 视图中选择“创建新项目”，输入项目名称“F_duofen”，选择项目保存路径，然后单击“创建”按钮完成创建，并进行项目的硬件组态。

5. 编辑变量表

本任务变量表如图 5-15 所示。

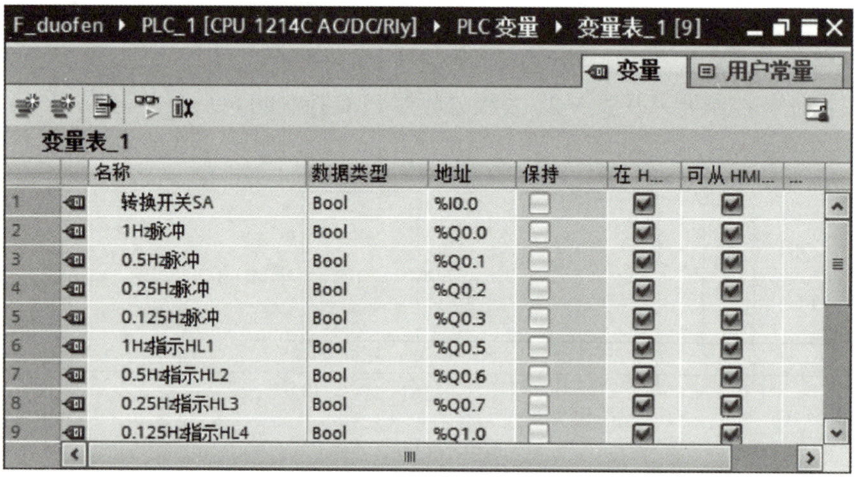
F_duofen ▸ PLC_1 [CPU 1214C AC/DC/Rly] ▸ PLC 变量 ▸ 变量表_1 [9]

变量 | 用户常量

变量表_1

	名称	数据类型	地址	保持	在 H...	可从 HMI...
1	转换开关SA	Bool	%I0.0	☐	☑	☑
2	1Hz脉冲	Bool	%Q0.0	☐	☑	☑
3	0.5Hz脉冲	Bool	%Q0.1	☐	☑	☑
4	0.25Hz脉冲	Bool	%Q0.2	☐	☑	☑
5	0.125Hz脉冲	Bool	%Q0.3	☐	☑	☑
6	1Hz指示HL1	Bool	%Q0.5	☐	☑	☑
7	0.5Hz指示HL2	Bool	%Q0.6	☐	☑	☑
8	0.25Hz指示HL3	Bool	%Q0.7	☐	☑	☑
9	0.125Hz指示HL4	Bool	%Q1.0	☐	☑	☑

图 5-15　多级分频器 PLC 控制的变量表

6. 编写程序

1）创建无形参函数 FC1

当转换开关 SA 未接通时，PLC 的输出端口清 0，程序比较简单，可采用无形参数函数 FC1。

（1）生成函数 FC1：打开项目视图中的文件夹“PLC_1\程序块”，用鼠标双击其中的“添加新块”，打开“添加新块”对话框，单击其中的“函数”按钮，生成 FC1。设置函数块的名称为“清零”。

（2）编写 FC1 的程序：无形参的 FC1 程序如图 5-16 所示。

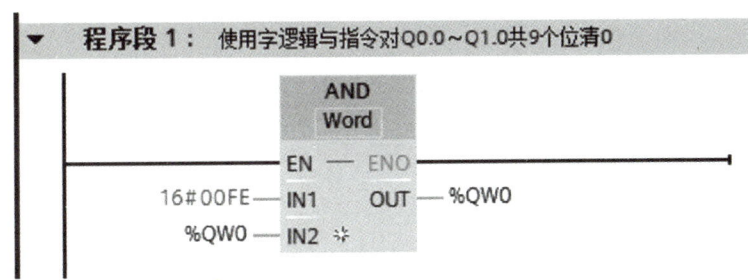

图 5-16　无形参的 FC1 程序

2）创建有形参函数 FC2

4 个分频输出的电路原理一样，但它们的输入 / 输出参数不一样，所以只要生成一个有参函数 FC2，分 4 次调用即可。

（1）生成函数 FC2：打开项目视图中的文件夹"PLC_1\ 程序块"，用鼠标双击其中的"添加新块"，打开"添加新块"对话框，单击其中的"函数"按钮，生成 FC2。设置函数块的名称为"二分频器"。

（2）编辑 FC2 的局部变量：在 FC2 中需要定义 4 个局部变量，如表 5-3 所示。

表 5-3　FC2 的局部变量

接口类型	变量名	数据类型	注释	接口类型	变量名	数据类型	注释
Input	S_IN	BOOL	脉冲输入信号	Output	LDE	BOOL	输出状态指示
Input	F_P	BOOL	边沿检测标志	InOut	S_OUT	BOOL	脉冲输出信号

（3）编写 FC2 程序：二分频电路时序图如图 5-17 所示。可以看到，输入信号每出现一次上升沿，输出便改变一次状态，据此可以采用上升沿检测指令实现。

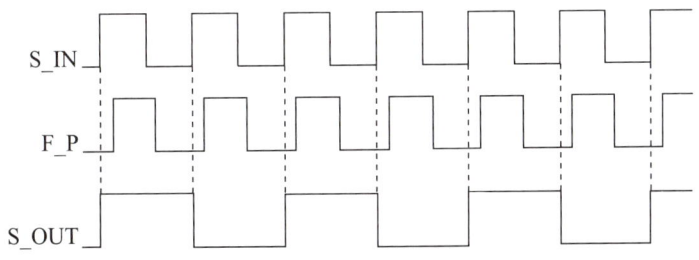

图 5-17　二分频时序图

使用跳转指令实现的二分频电路的 FC2 程序如图 5-18 所示。

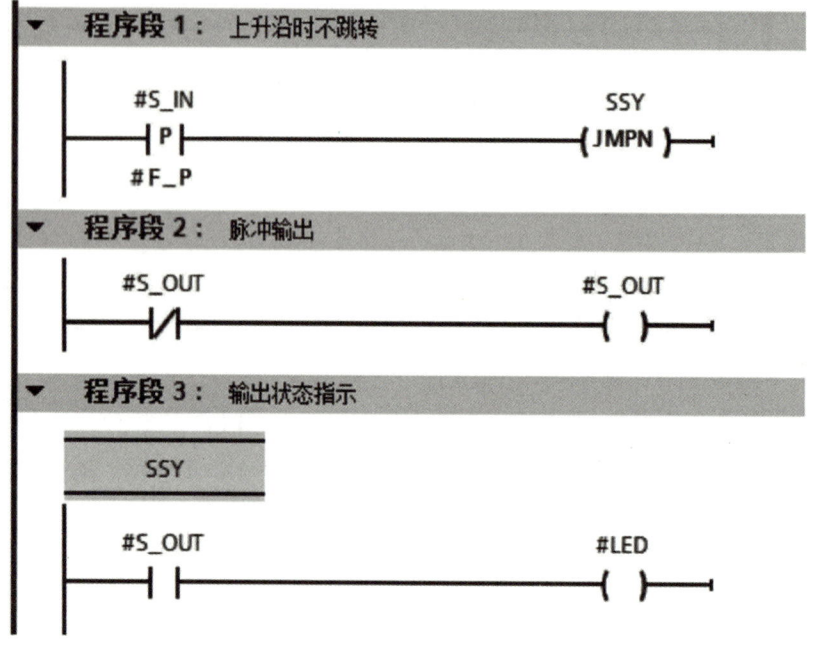

图 5-18　FC2 程序

如果输入信号"S_IN"出现上升沿，则对"S_OUT"取反，然后将信号"S_OUT"状态送"LED"显示；否则程序直接跳转到"SSY"处执行，将"S_OUT"信号状态送"LED"显示。

3）在 OB1 中调用 FC1 和 FC2

本任务需要启用系统存储器字节和时间存储器字节，均采用默认字节。首次"S_IN"信号取自时钟存储器字节中位 M0.3，即提供 2 Hz 脉冲信号；同时还需要使用首次循环位 M1.0，调用 FC1 清零函数。OB1 程序如图 5-19 所示。

6. 调试程序

将调试好的用户程序及设备组态下载到 CPU 中，并连接好线路。接通转换开关 SA，观察 PLC 输出端 Q0.0 ～ Q0.3 的 LED 闪烁情况及输出端 Q0.5 ～ Q1.0 上 4 盏指示灯亮灭情况。断开转换开关 SA，观察 PLC 的输出端是否均停止输出。若上述调试现象与控制要求一致，则说明本任务实现。

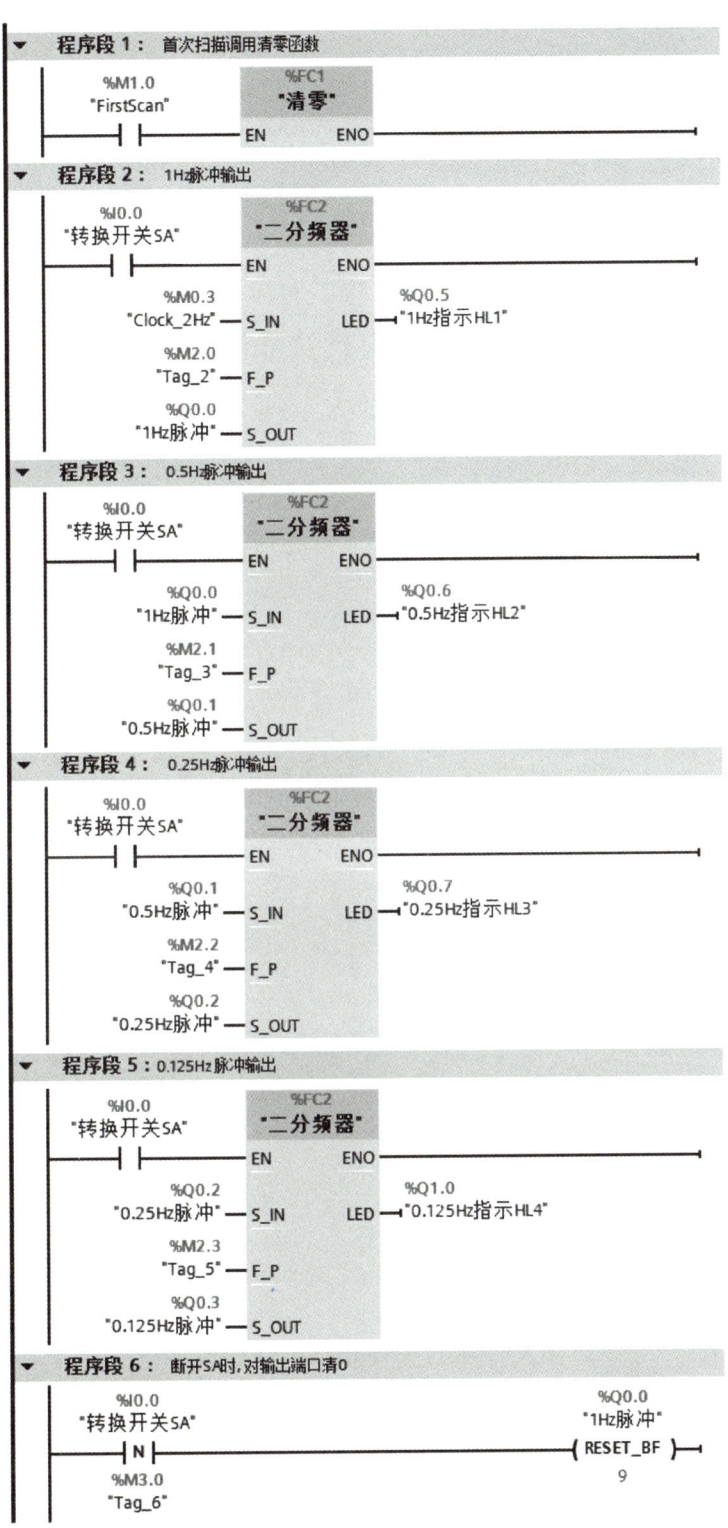

图 5-19   多级分频器的 PLC 控制程序

任务评价反馈单

学生任务分配实施单

任务名称	多级分频器的 PLC 控制			
班级		组号		指导教师
组长		学号		
组员	姓名		学号	
	姓名		学号	
	姓名		学号	
	姓名		学号	

（就组织讨论、工具准备、数据采集记录、安全监督、成果展示等工作内容进行任务分工）

实施步骤

步骤一：

步骤二：

步骤三：

步骤四：

经验记录单

任务名称	多级分频器的 PLC 控制			
班级		姓名		指导教师
组长		组号		

打开博途软件，亲身实践，写出电动机多级分频控制程序。

将电动机多级分频控制程序下载到博途软件，仿真调试，观察并描述实验效果。

实验过程中，出现了哪些问题和你是如何解决的？

问题 1：

解决方法：

问题 2：

解决方法：

问题 3：

解决方法：

各小组互评打分表

姓名		学号			班级			组别			
实训任务		多级分频器的 PLC 控制									
评价项目	分值	等级				评价对象（组别）						
		A	B	C	D	1	2	3	4	5	6	7	8
方案合理	20	20	15	10	5								
团队合作	20	20	15	10	5								
工作质量	20	20	15	10	5								
工作规范	20	20	15	10	5								
PPT/演示展示	20	20	15	10	5								
合计	100	各组得分											

总结与反思

（如：任务实施过程中遇到了什么问题→如何解决 / 解决不了的原因→心得体会）

教师评价打分表

姓名			学号		班级		组别	
实训任务				多级分频器的 PLC 控制				
评价项目			评价标准				分值	得分
考勤（10%）			无迟到、早退和旷课的现象				10	
工作过程（60%）	知识目标	获取信息	掌握工作相关知识				10	
		进行表决	制订工作方案，方案合理可行				10	
	技能目标	任务实施	能按要求合理地分配 I/O				5	
			能按所分配的 I/O 正确接线				5	
			能按任务要求正确地编写程序				5	
			能按任务要求完成程序的调试				5	
	素养目标	工作态度	认真严谨、积极主动、安全生产、文明施工				5	
		团队合作	与小组成员、同学之间合作交流、协作工作				5	
		工作质量	按照工作方案操作，按计划完成工作任务				10	
项目成果（30%）		工作完整	能按时完成工作任务的所有环节				10	
		工作规范	实训过程中规范操作，避免意外事故的发生				10	
		汇报展示	能准确表达、汇报工作成果				10	
合计							100	
综合评价		学生评价（50%）		教师评价（50%）		综合得分		
综合评语		（作业过程中存在的问题及改进建议）						

任务 5-2 电动机断续运行的 PLC 控制

任务描述

本任务利用组织块中的程序循环（Program cycle）组织块和循环中断（Cyclic interrupt）组织块来实现标签打印系统中贴标签后货物成批运输电动机断续运行的 PLC 控制。

在常见的工业自动化项目中，控制任务比较复杂，控制设备多样，所以 S7-1200 PLC 通常采用模块化编程。模块化编程能够将复杂的控制任务划分为对应不同控制功能与技术要求的子任务，实现每个子任务的程序称为"块"。在本任务中有一台抽水泵，由电动机 M1 控制，要求水泵实现工作 3 h，停止 1 h，再工作 3 h，再停止 1 h，如此循环的工作模式。

任务分析

本任务中可采用程序循环（Program cycle）组织块和循环中断（Cyclic interrupt）的形式来实现任务中的要求。接通启动按钮后，电动机开始工作，并实现工作 3 h，停止 1 h，再工作 3 h，再停止 1 h，如此循环；当按下停止按钮后电动机立即停止运行。

知识链接

组织块（OB，organization block）是操作系统与用户程序的接口，由操作系统调用。组织块除了可以用来实现 PLC 扫描循环控制以外，还可以完成 RC 的启动、中断程序的执行和错误处理等功能。熟悉各类组织块的使用对于提高编程效率和程序的执行速率有很大的帮助。

扫一扫

扫码查看事件
与组织块

5.4 组织块

1. 程序循环组织块

主程序 OB1 属于程序循环组织块，CPU 在 RUN 模式时循环执行 OB1，可以在 OB1 中调用 FC 和 FB。如果用户程序生成了其他程序循环组织块，CPU 按 OB 编号顺序执行它们，首先执行主程序 OB1，然后执行编号大于或等于 123 的程序循环组织块。程序循环组织块的优先级最低，其他事件都可以中断它。

打开博途软件的项目视图，生成一个名为"组织块例程"的新项目。双击项目树中的"添加新设备"，添加一个新设备，CPU 的型号为 CPU 1214C。

打开项目视图中的文件夹"PLC_1\程序块"，双击其中的"添加新块"，在打开的对话框中单击"组织块"按钮，如图 5-20 所示，选中列表中的"Program cycle"，生成一个程序循环组织块，OB 默认的编号为"123"（OB 的编号可手动设置，最大编号为 32767），语言为"LAD"（梯形图），块的名称默认为 Main_1。点击右下角的"确认"按钮，OB 自动生成，可以在项目树的文件夹"PLC_1\程序块"中看到新生成的 OB123。

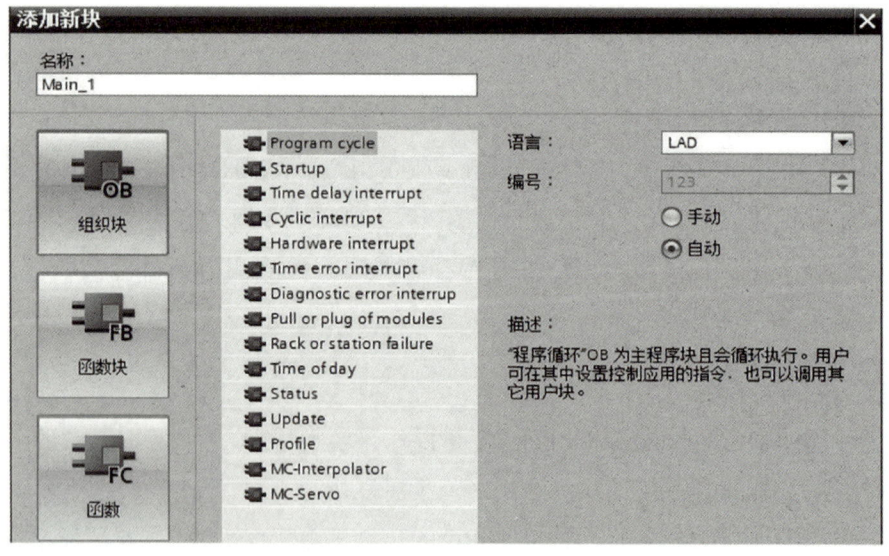

图 5-20　生成程序循环组织块

分别在 OB1 和 OB123 中输入简单的程序，如图 5-21 和图 5-22 所示，将它们下载到 CPU。将 CPU 切换到 RUN 模式后，可以用 I0.0 和 I0.1 分别控制 Q0.0、Q0.1 和 Q0.2，说明 OB1 和 OB123 均被循环执行。

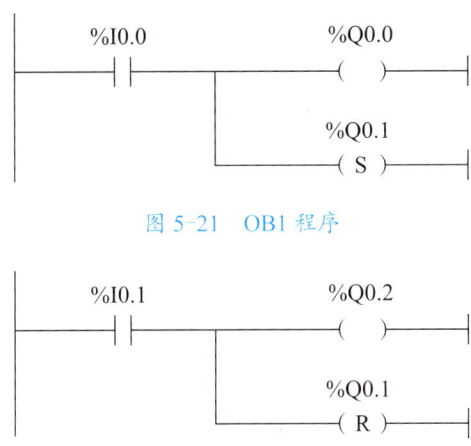

图 5-21　OB1 程序

图 5-22　OB123 程序

2. 中断组织块

中断在计算机技术中广泛应用。中断功能是用中断程序及时地处理中断事件，中断事件与用户程序的执行时序无关，有的中断事件不能事先预测何时发生。中断程序不是由用户程序调用，而在中断事件发生时由操作系统调用的。中断程序是用户编写的。中断程序应该尽量优化，在执行完某项特定任务后应返回被中断的程序。设计中断程序时应遵循"越短越好"的原则，以减少中断程序的执行时间，减少对其他处理的延迟，否则可能引起主程序控制的设备操作异常。

中断组织块包括时间中断、延时中断、硬件中断组织块及循环中断等。

（1）时间中断组织块：用于在时间可控的应用中定期运行一部分用户程序，可实现在某个预设时间到达时只运行一次；或者在设定的触发日期到达后，按每分 / 时 / 天 / 周 / 月等周期运行。

（2）延时中断组织块：在一段可设置的延时时间后启动。

（3）硬件中断组织块：用于处理需要快速响应的过程事件。出现硬件中断事件时，CPU 会立即终止当前正在执行的程序，改为执行对应的硬件中断组织块。硬件中断组织块由外部设备产生，如高速计数器和输入通道可以触发硬件中断。

（4）循环中断组织块：在设定的时间间隔，循环中断（Cyclic interrupt）组织块被周期性地执行，例如周期性地定时执行闭环控制系统的 PID 运算程序等。循环中断 OB 的编号为 30 ～ 38 或大于等于 123。

生成循环中断组织块 OB30 如图 5-23 所示。可以看出循环中断时间间隔（循环时间）的默认值为 100 ms，可将它设置为 1 ～ 60 000 ms。

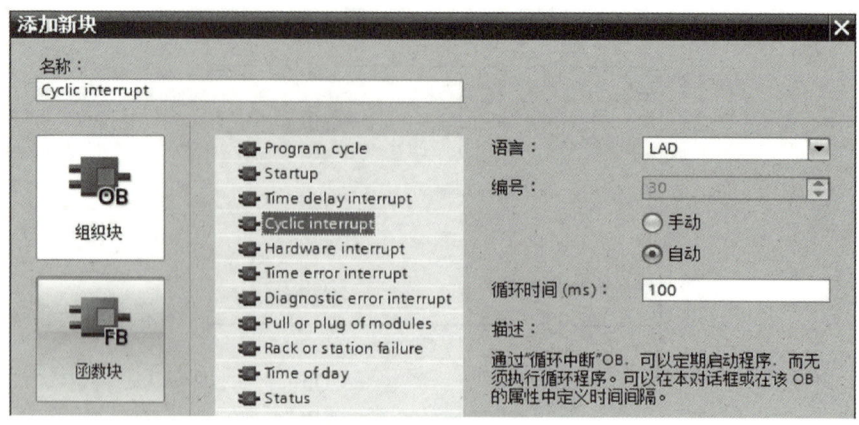

图 5-23　生成循环中断组织块 OB30

3. 启动组织块

接通 CPU 电源后，S7-1200 PLC 在开始执行用户程序循环组织块之前首先执行启动组织块。通过编写启动组织块，可以在启动程序中为程序循环组织块指定一些初始的变量，或给某些变量赋值，即初始化。对启动组织块数量没有要求，允许生成多个启动组织块，默认的是 OB100。其他启动组织块的编号应大于或等于 123，一般只需要一个启动组织块，或不使用。

S7-1200 PLC 支持 3 种启动模式：不重新启动模式、暖启动 -RUN 模式、暖启动 - 断电前的操作模式。不管选择哪种启动模式，已编写的所有启动组织块都会执行，并且 CPU 是按 OB 编号顺序执行它们。首先执行启动组织块 OB100，然后执行编号大于或等于 123 的启动组织块，如图 5-24 所示。

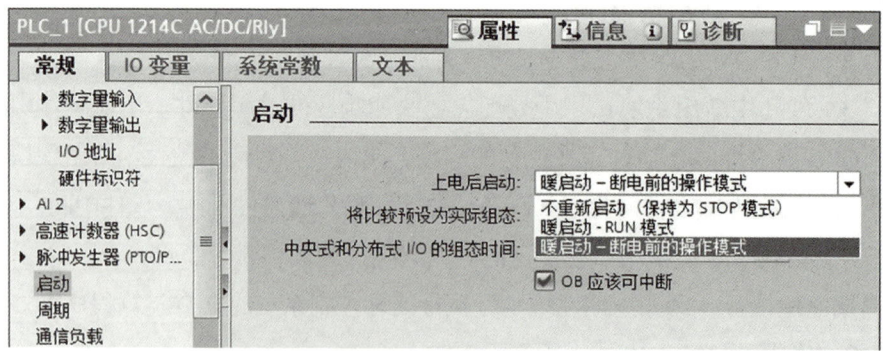

图 5-24　S7-1200 PLC 的启动模式

在"组织块例程"中，用上述方法生成启动组织块 OB100 和 OB124。分别在启动组织块 OB100 和 OB124 中生成初始化程序，如图 5-25 和图 5-26 所示。将它们下载到 CPU，并切换到 RUN 模式后，可以看到 QB100 被初始化为 16#F0，再经过执行 OB124 中的程序，最后 QB0 被初始化为 16#FF。

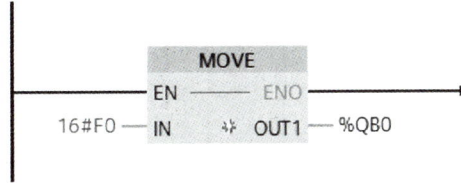

图 5-25　OB100 程序

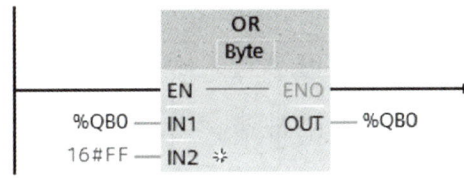

图 5-26　OB124 程序

任务实施　**电动机断续运行的 PLC 控制**

1. 任务要求

使用 S7-1200 PLC 实现电动机断续运行的控制，要求电动机在启动后，工作 3 h，停止 1 h，再工作 3 h，再停止 1 h，如此循环。当按下停止按钮后立即停止运行。系统要求使用循环中断组织块实现上述工作和停止时间的延时功能。

2. 分配 I/O

根据 PLC 输入/输出点分配原则及本任务控制要求，进行 I/O 地址分配，如表 5-4 所示。

表 5-4　电动机断续运行 PLC 控制的 I/O 分配表

输入		输出	
输入继电器	元器件	输出继电器	元器件
I0.0	启动按钮 SB1	Q0.0	电动机运行 KM
I0.1	停止按钮 SB2		
I0.2	过载保护 FR		

3. I/O 接线图

根据控制要求及表 5-4，电动机断续运行 PLC 控制的 I/O 接线图如图 5-27 所示。

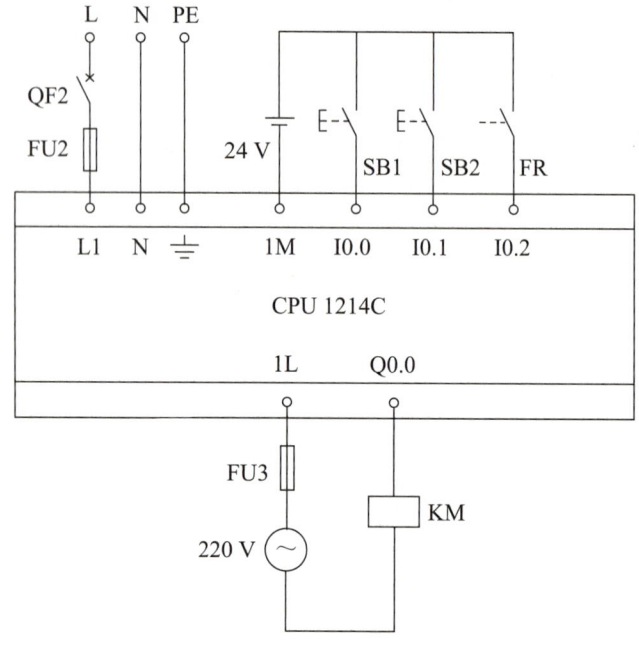

图 5-27　电动机断续运行 PLC 控制的 I/O 接线图

4. 创建工程项目

打开博途编程软件，在 Portal 视图中选择“创建新项目”，输入项目名称“M_duanxu”，选择项目保存路径，然后单击“创建”按钮完成创建，并进行项目的硬件组态。

5. 编辑变量表

本案例变量表如图 5-28 所示。

M_duanxu ▸ PLC_1 [CPU 1214C AC/DC/Rly] ▸ PLC 变量 ▸ 变量表_1 [4]

变量　用户常量

变量表_1

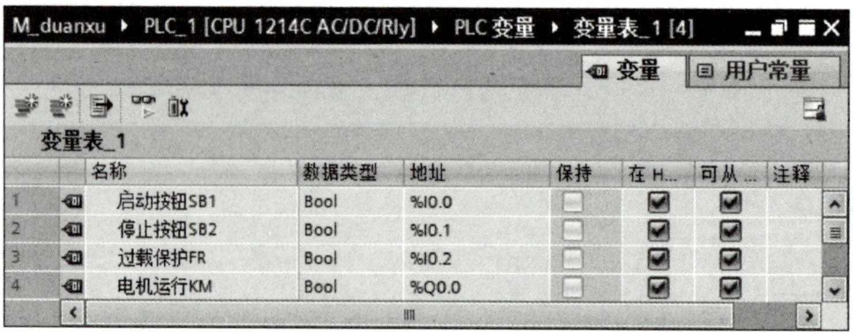

	名称	数据类型	地址	保持	在 H...	可从 ...	注释
1	启动按钮SB1	Bool	%I0.0	☐	☑	☑	
2	停止按钮SB2	Bool	%I0.1	☐	☑	☑	
3	过载保护FR	Bool	%I0.2	☐	☑	☑	
4	电机运行KM	Bool	%Q0.0	☐	☑	☑	

图 5-28　电动机断续运行 PLC 控制的变量表

6.编写程序

（1）生成OB100：打开项目视图中的文件夹"PLC_1\ 程序块"，双击其中的"添加新块"，在打开的对话框中点击"组织块"按钮，选中列表中的"Startup"，生成一个启动OB100。

（2）编写OB100程序：在启动组织块中对循环中断计数值MW10清0，其程序如图5-29所示。

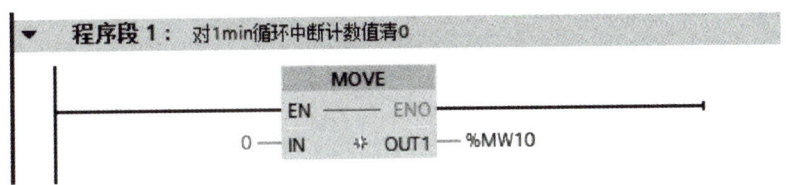

图 5-29　电动机断续运行 PLC 控制的 OB100 程序

（3）生成OB30：打开项目视图中的文件夹"PLC_1\ 程序块"，双击其中的"添加新块"，在打开的对话框中点击"组织块"按钮，选中列表中的"Cyclic interrupt"，生成一个循环中断OB30，循环时间设置为60 000 ms，即1 min。

（4）编写OB30程序：在循环中断组织块中对循环中断次数进行计数，当计数值为240次（即4 h）时，对计数值MW10清0。其程序如图5-30所示。

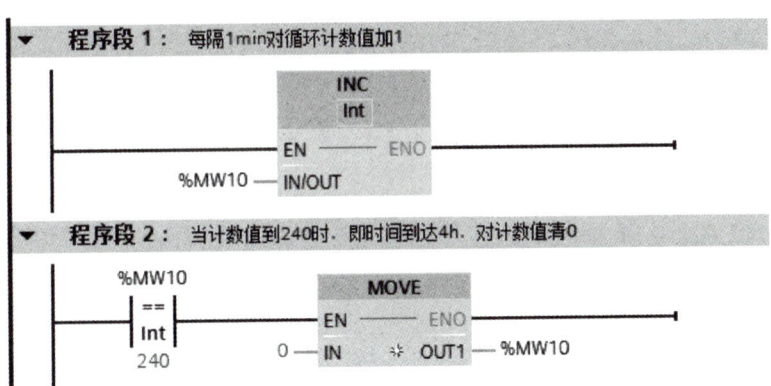

图 5-30　电动机断续运行 PLC 控制的 OB30 程序

（5）编写OB1程序：在主程序OB1中完成电动机的断续运行控制，即系统启动后时间小于3 h时电动机运行，时间在3 h～4 h之间时电动机停止运行。如此循环工作，其程序如图5-31所示。

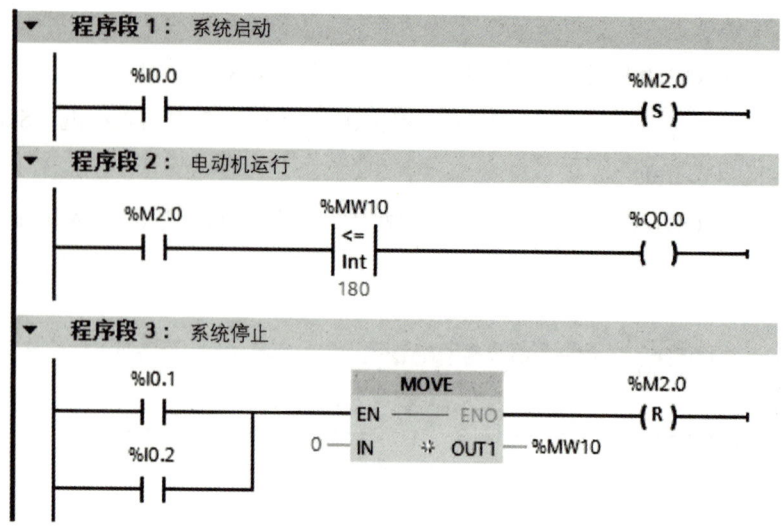

图 5-31　电动机断续运行 PLC 控制的 OB1 程序

6. 调试程序

将调试好的用户程序下载到 CPU 中，并连接好线路。按下启动按钮 SB1，观察电动机是否按系统设置时间进行断续运行（建议调试时将时间设置得短些）；按下停止按钮 SB2，观察电动机是否立即停止运行。若上述调试现象与控制要求一致，则说明本任务实现。

任务评价反馈单

学生任务分配实施单

任务名称	电动机断续运行的 PLC 控制				
班级		组号		指导教师	
组长		学号			
组员	姓名		学号		
	姓名		学号		
	姓名		学号		
	姓名		学号		

（就组织讨论、工具准备、数据采集记录、安全监督、成果展示等工作内容进行任务分工）

实施步骤

步骤一：

步骤二：

步骤三：

步骤四：

经验记录单

任务名称			电动机断续运行的 PLC 控制		
班级		姓名		指导教师	
组长		组号			

打开博途软件，亲身实践，写出控制程序。

将程序下载到博途软件，仿真调试，观察并描述实验效果。

实验过程中，出现了哪些问题？你是如何解决的？

问题 1：

解决方法：

问题 2：

解决方法：

问题 3：

解决方法：

各小组互评打分表

姓名		学号		班级		组别				
实训任务			电动机断续运行的 PLC 控制							
评价项目	分值	等级				评价对象（组别）				
		A	B	C	D	1	2	3	4	5	6	7	8
方案合理	20	20	15	10	5								
团队合作	20	20	15	10	5								
工作质量	20	20	15	10	5								
工作规范	20	20	15	10	5								
PPT/演示展示	20	20	15	10	5								
合计	100	各组得分											

总结与反思

（如：任务实施过程中遇到了什么问题→如何解决/解决不了的原因→心得体会）

教师评价打分表

姓名			学号		班级		组别	
实训任务				电动机断续运行的 PLC 控制				
评价项目			**评价标准**				分值	得分
考勤（10%）			无迟到、早退和旷课的现象				10	
工作过程（60%）	知识目标	获取信息	掌握工作相关知识				10	
		进行表决	制订工作方案，方案合理可行				10	
	技能目标	任务实施	能按要求合理地分配 I/O				5	
			能按所分配的 I/O 正确接线				5	
			能按任务要求正确地编写程序				5	
			能按任务要求完成程序的调试				5	
	素养目标	工作态度	认真严谨、积极主动、安全生产、文明施工				5	
		团队合作	与小组成员、同学之间合作交流、协作工作				5	
		工作质量	按照工作方案操作，按计划完成工作任务				10	
项目成果（30%）		工作完整	能按时完成工作任务的所有环节				10	
		工作规范	实训过程中规范操作，避免意外事故的发生				10	
		汇报展示	能准确表达、汇报工作成果				10	
合计							100	
综合评价		学生评价（50%）		教师评价（50%）		综合得分		
综合评语		（作业过程中存在的问题及改进建议）						

参考文献

[1] 王春峰，段向军. 可编程控制器应用技术项目式教程：西门子 S7-1200 [M]. 北京：电子工业出版社，2019.

[2] 郭淳芳，王光波. 可编程控制技术 [M]. 哈尔滨：哈尔滨工程大学出版社，2023.

[3] 龙威林，王哲. 可编程控制器应用技术 [M]. 北京：航空工业出版社，2021.

[4] 郑海春. 电气控制与 S7-1200 PLC 应用技术教程 [M]. 北京：机械工业出版社，2022.

[5] 侍寿永，夏玉红. 电气控制与 PLC 应用技术：S7-1200 [M]. 北京：机械工业出版社，2022.

[6] 芮庆忠. 西门子 S7-1200 PLC 编程及应用 [M]. 北京：电子工业出版社，2020.

[7] 廖常初 .S7-1200 PLC 编程及应用 [M]. 3 版. 北京：机械工业出版社，2018.

视频资源二维码

扫码查看 PLC 的定义、分类及应用

扫码查看 PLC 的历史发展

扫码查看 PLC 内部结构

扫码查看 PLC 的工作原理

扫码查看 S7-1200 CPU 面板介绍

扫码查看 S7-1200 的选型

扫码查看 S7-1200 的模块安装

扫码查看 S7-1200 PLC 程序设计基础

扫码查看博途软件认知

扫码查看博途软件的设计与调试——启保停

扫码查看 PLC 的数据类型

扫码查看寻址方式与系统存储区

扫码查看触点/线圈指令

扫码查看电动机启停控制

扫码查看电动机正反转控制

扫码查看一台电动机的多地启停控制

扫码查看置位/复位指令

扫码查看上升沿/下降沿指令

扫码查看定时器指令及应用

扫码查看定时器指令（二）

扫码查看定时器指令的应用举例

扫码查看计数器指令

扫码查看送料小车往返运动控制

扫码查看移动指令

扫码查看事件与组织块

扫码查看移位与循环移位指令

扫码查看移位指令的使用练习

扫码查看数据比较指令及应用

扫码查看 OB、FC、FB

扫码查看送料小车往返运动——博途软件仿真调试

扫码查看传送指令（移动指令）的使用练习

扫码查看十字路口交通灯控制系统设计——比较指令法

扫码查看算术运算指令及应用

综合测试题二维码

扫码查看综合测试题